KARRIERE BERATUNG

LESER FRAGEN – VDI-NACHRICHTEN ANTWORTEN
AUSGABE 1984/85

4. Auflage

 VERLAG

ISBN-13: 978-3-540-62208-6   e-ISBN-13: 978-3-642-48833-7
DOI: 10.1007/978-3-642-48833-7

Vorwort

Die VDI-Nachrichten, Europas führende und größte Wochenzeitung für Technik und Wissenschaft, Wirtschaft und Gesellschaft berichtet und kommentiert jede Woche umfassend und verständlich den Entscheidern der Wirtschaft über das gesamte technische und technisch-wissenschaftliche Geschehen in der Bundesrepublik Deutschland und in aller Welt.

Als Wochenzeitung, die sich mit der Technik und ihren Auswirkungen befaßt, sind die VDI-Nachrichten den über 340 000 Lesern (weitester Leserkreis nach „Gehobene Zielgruppen 2")

– Forum für technische Entwicklungen,
– Orientierungsrahmen für Technikdiskussionen,
– Hilfe bei zukunftweisenden Entscheidungen.

Die Redaktion bürgt durch ein hochstehendes journalistisches und fachliches Niveau für Kompetenz und Verständlichkeit der Darstellung.

Die Empfehlungsanzeigen in den VDI-Nachrichten sind sinnvolle Ergänzung der Technikthemen und werden von den Lesern genau so stark beachtet und ausgewertet wie der redaktionelle Teil und wie die mehr als 10 000 Stellenangebote.

Die gebotene Kombination Redaktion – Empfehlungsanzeigen – Stellenanzeigen binden jede Woche über 340 000 Leser an die VDI-Nachrichten.

Durch die starke Leserblattbindung erfolgt stets ein reger Gedankenaustausch auch über die Berichterstattung in den VDI-Nachrichten hinaus.

Interessierte Leser haben Dialoge zu sehr unterschiedlichen Themen mit „ihrer" Zeitung begonnen. Durch das verstärkte Interesse an Themen zur beruflichen Weiterbildung entstand die Karriereberatung der VDI-Nachrichten. Zunächst erfolgte die Beantwortung der von Lesern der VDI-Nachrichten gestellten Fragen per Brief. 1984 hat der VDI-Verlag mit den VDI-Nachrichten die Plattform für die Leserfragen und deren Beantwortung geschaffen: „Karriereberatung für Ingenieure".

Seit dieser Zeit bitten Leser regelmäßig um Beantwortung ihrer Fragen zur beruflichen Weiterentwicklung, suchen Hilfe, wünschen Ratschläge. Jede Woche werden zwei bis drei Fragen in den VDI-Nachrichten mit den dazugehörigen Antworten veröffentlicht.

Diese neue Rubrik steht stets an gleicher Stelle: Im Anschluß an die Berichterstattung über Technik werden Informationen über die Berufspraxis veröffentlicht und danach die Rubrik „Karriereberatung". Der umfangreiche Stellenanzeigenteil mit dem vielfältigen Angebot für Ingenieure folgt auf vielen Seiten.

Angeregt durch das große Interesse an dieser Form der Beratung haben sich zwei Abteilungen der VDI-Nachrichten – Karriereberatung und Stellenanzeigen – entschlossen, eine Zusammenfassung der Fragen und Antworten regelmäßig herauszugeben. In dem vorliegenden Buch finden Sie die Themen des Jahres 1984.

Der Inhalt des Buches KARRIEREBERATUNG wendet sich an alle am persönlichen Fortkommen Interessierte. Die Fragen wurden von technischen Fach- und Führungskräften gestellt. Die Fragen und deren Antworten sind aber nicht auf einen bestimmten Berufs-oder Ausbildungszweig beschränkt. Die Antworten sind Lebenshilfe für alle über Karrierechancen nachdenkende Fach- und Führungskräfte.

Sie finden im Inhaltsverzeichnis eine thematische Ordnung wieder. Und das am Schluß des Buches veröffentlichte Stichwortregister hilft Ihnen bei gezielter Suche.

Die Serie „Karriereberatung" wird weiterhin in den VDI-Nachrichten veröffentlicht und jeweils am Anfang eines neuen Jahres als Buch angeboten.

Der Autor

Heiko Mell, Jahrgang 42, Wirtschaftsingenieur, Personalberater und stellvertretender Geschäftsführer bei der MMC Personalberatung Kurt Sexauer, Rösrath.

Heiko Mell verfügt über 5 Jahre Erfahrung im Personalwesen eines deutschen Großkonzerns und 15 Jahre Praxis als Personalberater.

Personalleiter der deutschen Industrie, erfahrene Führungskräfte und viele Personalberater urteilen positiv über den von Heiko Mell vertretenen pragmatischen Standpunkt und seine klare und ausführliche Darstellung der heutigen Berufspraxis.

Von Heiko Mell gibt es zahlreiche andere Veröffentlichungen in namhaften Publikationen und dieses Buch KARRIEREBERATUNG.

Einleitung

An deutschen Fach- und Hochschulen kommt die Vorbereitung auf das Arbeitsleben mit seinen komplexen Problemen zu kurz – vermutlich fehlt diese Wissensvermittlung an die Studenten ganz.

Aber auch der „gestandene Praktiker" läßt in mitunter erschrekkendem und häufig beängstigendem Maße die Kenntnisse der unternehmensinternen Zusammenhänge vermissen, von denen letztlich seine Existenz abhängt.

Beiden Gruppen gemeinsam ist eine starke Unsicherheit in allen Fragen, die mit der Bewerbung bzw. dem Stellenwechsel zusammenhängen.

Unser Anliegen war und ist es, hier nicht nur Tips und Anregungen zu geben – die man mühsam aufnimmt und dann doch wieder vergißt. Wir wollen erläutern, in welchem Zusammenhang die einzelnen Fragen stehen, welchen Zwängen die „Entscheidungsträger" in der Wirtschaft unterliegen. Unser Ziel: Nicht nur darstellen, wie man plant, handelt, reagiert, sondern warum.

Zentrale Aussage unserer Beiträge ist die Erläuterung der „Spielregeln" dieses Metiers. Sie zu kennen und zu verstehen, ist die wichtigste Erfahrungsgrundlage. Was bei Fußball, Tennis oder Golf als ebenso selbstverständlich gilt wie an der Börse oder im Straßenverkehr, wird im Alltag des Berufslebens von vielen Betroffenen übersehen, ignoriert oder geleugnet.

Wir gehen davon aus, daß Information hier der entscheidende Schlüssel ist, wenn etwas erreicht, also verbessert werden soll. Daß dies notwendig ist, bestreitet niemand. Noch immer sind 80 (und mehr) Prozent aller Bewerbungen auf qualifizierte Positionen absolut „ungeeignet" und ohne jede Chance. Weil ihre Absender von der Ausrichtung ihres Studiums über die Laufbahnplanung, die Gestaltung der einzelnen beruflichen Schritte, das Verhältnis zum Chef oder die Fehleinschätzung eigener Möglichkeiten bis hin zur Formulierung der Bewerbung eklatante Fehler machen.

Daß dies nicht so sein darf, leuchtet ein. Daß dies auch nicht so sein muß – dazu will dieses Buch ebenso beitragen, wie die weiter laufende „Karriereberatung" der VDI-Nachrichten, in der wir die Fragen unserer Leser beantworten.

VDI nachrichten

Karriereberatung — wie wir sie verstehen

Frage (als redaktionelle Zusammenfassung mehrerer Zuschriften ähnlicher Art): Ich finde, daß Sie mit manchen Fragestellern sehr hart „ins Gericht gehen". Nach meiner Meinung bewerten Sie auch manche Dinge über, z. B. Details wie Rechtschreibung, Formfragen u. ä.

Antwort: Sie würden sich wundern, wie „hart" in der Praxis über Bewerbungen geurteilt wird. Wir nutzen gern diese Gelegenheit, hier etwas zum besseren Verständnis dieser Serie zu sagen und unsere Position zu verdeutlichen.

Nicht ohne Grund stehen diese Beiträge im Stellenteil dieser Zeitung. Sie wenden sich gezielt an den Leser, der aufmerksam die veröffentlichten Stellenangebote verfolgt und vermutlich in Kürze selbst Bewerber sein wird. Insofern geht es hier um ein Stück „Lebenshilfe" des Bewerber-Service der VDI-Nachrichten. Unser Standpunkt ist dabei ganz eindeutig: Wir urteilen und raten nach den Maßstäben, die in der (vorzugsweise industriellen Praxis bei der Entscheidung über Bewerbungen oder über andere personelle Maßnahmen gelten. Diese Maßstäbe haben wir nicht gemacht, wir können sie auch nicht (hier mit dieser Serie) beeinflussen.

Unsere Pflicht ist es, den Fragesteller auf die Verhältnisse vorzubereiten, die er im Berufsalltag antrifft, ihm diejenigen Gedankengänge nahezubringen, die jetzt oder später sein Berufsleben entscheidend prägen.

Basis unserer Arbeit sind dabei sowohl die relativ konstant um 80% pendelnde Quote absolut als „ungeeignet" eingestufter Bewerbungen (gilt für alle Fachrichtungen und Hierarchieebenen) als auch die vielen Arbeitslosen, die sich wundern oder verzweifelt fragen, warum es ihnen nicht oder kaum gelingt, wieder eine ansprechende Position zu erringen. Wenn also die weitaus meisten Bewerbungen nicht nur aus statistischen Gründen vergeblich geschrieben werden (bei hundert Bewerbungen auf eine Stelle sind neunundneunzig Absagen zwangsläufig die Folge), sondern von Anfang an keine Chance haben, weil der Betroffene jetzt oder früher einmal oder mehrfach gegen gängige Regeln und Maßstäbe verstoßen hat, dann ist Aufklärung darüber lebenswichtig im wahrsten Sinne des Wortes.

Natürlich gibt es keine Garantie, daß alle „Entscheidungsträger" in Personalfragen ganz genau deckungsgleiche Raster anlegen, dafür sind die Branchen, Firmen und Menschen zu verschieden. Sie können jedoch weitgehend darauf bauen, daß jeweils ein stattlicher Prozentsatz so denkt (und handelt!), wie es aus unseren Antworten hervorgeht.

Selbst wenn wir also im Einzelfall durchaus der Meinung wären, hier „müßte eigentlich" in einer bestimmten Form entschieden werden, so darf dies unsere Aussagen nicht beeinflussen. Raum für theoretische Grundsatzdiskussionen darüber, wie diese Welt organisiert sein sollte oder auch nur könnte, ist hier (Sie dürfen gern „leider" sagen) nicht.

Berücksichtigen Sie stets auch, daß diese Rubrik „Karriereberatung . . ." heißt. Sie muß demnach zwangsläufig in ihren Beiträgen davon ausgehen, daß die Fragesteller Ehrgeiz haben, etwas erreichen, z. B. Führungskraft werden wollen. Und die evtl. Hoffnung, man würde aufgrund einer schluderigen, von Tipp-und/oder Rechtschreibfehlern durchsetzten Bewerbung mit lückenhaftem Lebenslauf und einem Foto im progressiven Freizeitlook irgendwo Abteilungsleiter – diese Hoffnung trügt (um nur von „Formfehlern" zu sprechen). Um diesem „Foto" noch ein Argument zu widmen: Es geht nicht um ein derartiges Bild als solches, im Urlaub oder nach Feierabend sehen wir alle so oder ähnlich aus. Es geht um den tiefen Einblick in die persönliche Grundeinstellung, den man mit der Übersendung eines solchen Fotos zu diesem Anlaß gewährt.

Kernaussage: Unsere vermeintliche „Härte" in der Beurteilung dieser Dinge ist noch recht harmlos gegen die Wertungen, denen ein entsprechend auftretender Bewerber in der Praxis unterworfen ist, ohne dies wörtlich zu erfahren. Wir deuten ihm das immerhin an.

Unser Ziel ist also, die „Spielregeln der Entscheidungsprozesse in Personalfragen so zu verdeutlichen, daß unsere Leser in die Lage versetzt werden, in diesem „Spiel" auch gelegentlich zu „gewinnen" (denken Sie an die 80% aller Bewerbungen, die heute von Anfang an chancenlos sind).

Da wir keine Namen veröffentlichen, kann auch niemand betroffen sein, beabsichtigt ist dies selbstverständlich nie.

Noch etwas müssen Sie bedenken: Die Antwort auf individuelle Fragen in dieser Rubrik muß auch für die anderen am Thema Interessierten lesenswert sein, mit nur einem oder zwei Lesern pro Ausgabe wäre der Platz verschenkt. Also arbeiten wir unser Stellungnahmen so aus, daß sie auch gelesen werden (hoffentlich).

Hätten wir also z. B. geschrieben: „Vermeiden Sie Rechtschreibfehler", hätten die Leser gegähnt. So sind auf unsere Stellungnahme gleichen Inhalts, aber „lebendigerer" Aussage lebhafte Diskussionen gefolgt – und das Thema hat sich zum späteren Nutzen vieler Betroffener im Gedächtnis eingegraben. Wenn sich also gerade junge Menschen gelegentlich über uns (die wir die Regeln interpretieren, aber nicht machen) ärgern, aber später in den entsprechenden Situationen „vorsichtshalber" doch an die Regeln denken („vielleicht hatten die mit ihrer Karriereberatung ja doch recht"), ist unser Ziel erfüllt.

Zu denken geben sollte Ihnen auch, daß wir bis heute aus Kreisen der in der Wirtschaft tätigen Entscheidungsträger in Personal- und Bewerbungsfragen nur Zustimmung erfahren, z. T. sogar sehr engagierte. Das soll Sie dennoch nicht abhalten, unsere Beiträge auch weiterhin kritisch zu verfolgen und uns mitzuteilen, wo wir uns haben noch nicht verständlich machen können. Auch wir lernen ständig.

Studium als Karrierebasis

Fachhochschule oder Uni/Promotion

Frage: Ich bin 25 und habe 1981 ein FH-Studium abgeschlossen. Seitdem bin ich als Ingenieur tätig. Ich trage mich nun mit dem Gedanken, ein TH-Studium der gleichen Fachrichtung aufzunehmen, das etwa 4 Jahre dauern würde. Wie beurteilen Sie diesen Schritt im Hinblick auf eine langfristige Karriere in der Industrie? Wäre eine weitere Berufstätigkeit mit nebenberuflicher Fortbildung besser?

Antwort: Leider lassen Sie weder Ihre spezielle Tätigkeit noch Ihre berufliche Zielrichtung erkennen, so daß unsere Antwort zwangsläufig allgemein ausfallen muß.

Generell gibt es noch immer Bereiche in der Industrie, in denen ein TH-Abschluß die Karriere spürbar erleichtert (Forschung und Entwicklung z. B.). Weiterhin sind manche (großen) Unternehmen dafür bekannt, daß der Weg nach „oben" fast nur Uni-/ TH-Absolventen offensteht. Aber auch diese Regeln sind nicht ohne Ausnahmen. Vor kurzem wurde an die Spitze eines deutschen Großkonzerns der in diesen Fragen besonders „eng" denkenden Chemie erstmals ein Nicht-Akademiker berufen. Bis hierher könnte also der Grundsatz gelten: Erstklassige „Könner" setzen sich immer durch, weniger begnadete tun sich mit der „richtigen" Ausbildung etwas leichter.

Wir müssen aber noch tiefer in die Problematik einsteigen, weil es bei Ihnen letztlich um ein reines Optimierungsproblem geht. Da Sie nach mehreren Jahren Praxis viel aufgeben würden, ist die gesamte Thematik schwieriger als für den jungen Absolventen, der einfach nur weiterstudieren müßte.

Der Schlüssel zur Lösung liegt in Ihrer Persönlichkeit, die wir nicht kennen. Wer „Karriere machen" will, muß ein vorausschauend denkender, in der richtigen Situation aber auch ent-

14

schlossen zupackender Mann sein. **Risikobereitschaft** gehört ebenso dazu wie **Entscheidungsfreude, Dynamik ist** ebenso unerläßlich wie ein gewisses taktisches Talent. Diese Aufzählung ist nicht erschöpfend, gibt aber doch minimale Anforderungen wieder. Ein solchermaßen veranlagter Mann, so die überwiegende Meinung in der Wirtschaft, der mit einem soliden FH-Abschluß ausgestattet ist, müßte die „Ärmel aufkrempeln" und aus dieser Chance etwas machen. Wenn das nun in diesem einen Unternehmen nicht möglich sein sollte („Schwierigkeiten sind dazu da, überwunden zu werden"), dann eben in einem anderen. Wenn Sie wirklich als Ziel den beruflichen Aufstieg haben und bereit sind, dafür zu kämpfen, reicht Ihr Abschluß absolut aus. Es gibt hinreichend Beispiele dafür.

Folgerichtig beurteilt die Wirtschaft einen Mann skeptisch, der nach mehreren Jahren Praxis meint, ihm mangele es nur an der „richtigen" Ausbildung. Wer dann noch einmal 4 Jahre seines Lebens opfert, nur um eine Stufe „höher" qualifiziert zu sein, wird es schwer haben, die oben erwähnten Karriere-Eigenschaften unter Beweis zu stellen. Er wird damit rechnen müssen, schon einmal als „persönlich schwach" beurteilt zu werden — mit allen negativen Konsequenzen.

Wenn es Ihnen also „nur" um Karriere geht, raten wir in Ihrer Situation eher zu ständiger nebenberuflicher Weiterbildung (die nie schadet, allein aber noch keinen Aufstieg bewirkt).

Anders sähe es aus, wenn Sie rein fachlich an speziellen Forschungs- oder Berechnungsproblemen interessiert wären, für die Ihnen heute vielleicht die wissenschaftliche Eingangsqualifikation fehlt. Hier läßt sich dann eine langfristige fachlich befriedigende Tätigkeit nur mit dem zweiten Studium erreichen — dies kann den Preis von 4 Jahren durchaus wert sein.

Manchmal — Selbsterkenntnis ist hier gefragt — spielt auch ganz einfach ein Gefühl irgendwo zwischen der Empfänglichkeit für Titel oder einem Minderwertigkeitskomplex eine Rolle. Nur ganz wenige Menschen sind völlig frei davon. Wenn man also vor sich selbst zugibt, es bedeute einen Teil persönlicher Selbstverwirklichung, TH-Ingenieur zu sein — dann muß man dieses

Ziel auch zu erreichen suchen. Es bleibt offen, ob man danach glücklicher ist – es scheint aber sicher, daß man ohne diesen Zusatzaufwand unglücklich sein kann.

Frage: Wie wichtig (und wie empfehlenswert) ist die Promotion? Wo kann und soll man promovieren?

Antwort: Dies ist die fünfzigste Frage dieser Serie. Warum nicht zum „Jubiläum" ein Geständnis? Der Verfasser dieses Beitrags hat ihn nicht, den Dr.-Titel – gesteht aber, in zwanzig Praxisjahren mehrfach in Versuchung gewesen zu sein, dies zu bedauern.

Eine pauschale Antwort kann es bei Dipl.-Ingenieuren nicht geben, auch kein „richtig" oder „falsch", bei Medizinern oder Chemikern sieht das anders aus.

Wichtig ist die persönliche Einstellung des einzelnen zum Thema, noch wichtiger ist seine Zielsetzung, entscheidend ist die Frage nach dem Preis, den er zu zahlen bereit ist.

Zum Persönlichen: Eitelkeit ist eine starke Triebfeder. Hier prüfe man sich selbst. Soziale Aufsteiger (aus nichtakademischen Elternhäusern) neigen statistisch besonders stark zur Promotion – als dem vorzeigbaren letzten Beweis des Erreichten. Söhne und Töchter, in deren Familien Titel alltäglich sind, wägen eher leidenschaftslos ab, ob es lohnt oder nicht. Bitte keine Umkehrschlüsse: nicht jeder „Dr." ist eitel, nicht einmal alle Autoren sind es.

Zur Zielsetzung: Wenn Sie „einfach nur" Dipl.-Ing. sein wollen, verantwortliche Aufgaben irgendwo in der Technik lösen möchten, Karriere anstreben und dabei durchaus auch den „Vorstand" nicht ausschließen, dann reicht das Ingenieurstudium allein aus. Tausende von Beispielen belegen das. Wenn Sie aber besondere Ambitionen in Richtung „Forschung + Entwicklung" haben oder in ganz bestimmten Unternehmen aufsteigen wollen, ist die Promotion empfehlenswert. Was das „bestimmte" Unternehmen angeht: Besorgen Sie sich einen Briefbogen dieses Hauses (schreiben Sie dorthin, bitten Sie um einen Prospekt, einen Geschäftsbericht o. ä., mit der Antwort erhalten Sie zumeist auch ein solches Papier). Dort stehen Geschäftsführer oder Vorstandsmitglieder mit Namen und Titeln (!) verzeichnet. Gibt es einen hohen Prozentsatz an Doktoren, haben Sie einen recht guten Hinweis auf den „Geist des Hauses" in dieser Hinsicht (nicht gegenüber Berufsanfängern, aber gegenüber Vorstandsanwärtern). Es gehört nämlich zu den – verständlichen – menschlichen Schwächen, die eigenen Lebensumstände, Ausbildungen o. ä. instinktiv als Maßstab zu nehmen. Natürlich gibt es Ausnahmen auch von dieser Regel, aber billiger sind Anhaltspunkte für Ihre Planung nicht zu bekommen.

Zum Preis: Während die Promotion bei manchen Studienrichtungen nahezu „automatisch" anfällt, ist gerade der „Dr.-Ing." auch zeitlich sehr aufwendig. Je nach Uni/TH kann Sie das bis zu fünf Jahre Ihres Lebens kosten. „Einfach so" promoviert zu haben, kann dann ein Verlust sein, den Sie später nie mehr aufholen. Nur wenn „Persönliches" und „Zielsetzung" sehr stark ausgeprägt sind, ist der Aufwand empfehlenswert.

Soviel zum Taktischen. Mit Ihrer Frage nicht angesprochen, aber als Beweggrund dennoch existent, ist die häufig fachlich recht interessante Tätigkeit, die während der Promotionszeit anfallen kann und mitunter durchaus wertvolle Kenntnisse vermittelt. Nur: Wenn nicht „F + E" auf Ihrem Karriereplan steht, ist gleichlange Industriepraxis auch fachlich meist noch wertvoller. Manchmal kann eine Promotion auch Bewerbungen erschweren, wenn es sich um Standardpositionen handelt. „Zu wissenschaftlich", „zu alt" oder „zu teuer" kann das Urteil lauten, wenn man sich auf Positionen bewirbt, bei denen die Promotion „kein Thema" ist.

Prinzipiell nicht eingehen möchten wir auf Ihre Frage nach dem „wie und wo" einer Promotion. Um hier keine „Studienberatung" zu werden, müssen wir uns thematisch etwas beschränken. Wenn Ihnen diese Angelegenheit nach sorgfältiger Abwägung wirklich wichtig ist, finden Sie auch einen Weg. Der Titel (oder Qualifikationsgrad) behält seinen Wert bis zur Pensionierung. Woher Sie ihn haben, das verliert mit jedem Jahr an Bedeutung.

Frage: Ich stelle fest, daß sich in dieser Rubrik die Fragen zu „Bewerbung und Stellenwechsel" häufen, während der mindestens genauso wichtigen Aus- und Weiterbildung des Ingenieurs weniger Interesse entgegengebracht wird. Ich bin FH-Dipl.-Ing. mit Aufbaustudium zum Wirtschaftsingenieur, inzwischen habe ich 1,5 Jahre Praxis. Bereits während des Studiums hatte ich ein gewisses Unbehagen im Hinblick auf unterschiedliche Karrieremöglichkeiten von FH- und TU-Ingenieuren verspürt und daher schon mein Aufbaustudium angehängt — als Alternative zum Universitätsstudium. Nun ist mir als Direktionsassistent der hundertprozentige Einstieg in eine „TU-Karriere" gelungen. Läßt sich dies bei einem Stellenwechsel auf die neue Firma übertragen oder muß man damit rechnen, doch immer nur als „doppelter FH-Ingenieur" betrachtet zu werden? Vielleicht helfen Frage und Antwort FH-Lesern mit beruflichen Minderwertigkeitskomplexen.

Antwort: Minderwertigkeitskomplexe sind hier nicht angebracht — und doch vorhanden, zahlreiche Zuschriften beweisen das. Wir haben zwar zum FH-TH-Komplex schon Stellung genommen, „ausgereizt" ist diese Problematik aber wohl noch nicht.

Zunächst einmal zur Klarstellung: Der FH-Ingenieur verfügt über einen selbständigen, in der Wirtschaft absolut anerkannten Ausbildungsabschluß. Auf dieser Basis ist der Einstieg in Mangementlaufbahnen absolut möglich, Karrieren bis in Geschäftsführer/Vorstandspositionen stellen dies eindrucksvoll unter Beweis. Sicher wird der Schwerpunkt von FH-Laufbahnen etwas stärker im Bereich „mittleres Management" liegen — was den begabten, leistungsstarken und mit Führungseigenschaften ausgestatteten einzelnen nicht interessieren muß, er findet seinen Weg auch an „Durchschnittslaufbahnen" vorbei nach oben. Von der Tradition (über den „alten" Ing. grad.) her sieht die Wirtschaft eine FH-Ausbildung etwas mehr praxisorientiert. Die erwähnten graduierten Ingenieure hatten überwiegend vor dem Studium eine Lehre absolviert, die diesen Praxisbezug unterstrich und die entsprechende Einstufung geprägt hat.

Solange nun der eher praktisch orientierte, schwerpunktmäßig an verantwortlichen betrieblichen Aufgabenstellungen interessierte und insgesamt auf mittlere Karriereerwartungen konzentrierte junge Mensch sein FH-Studium absolviert, ist alles in schönster Ordnung. Für „Minderwertigkeitskomplexe" irgendwelcher Art ist da absolut keine Basis.

Schwierig wird die Situation erst, wenn man die eine Art des Studiums wählt – und ständig nach den vermeintlich besseren Chancen der anderen Richtung schielt. Die sich daraus ergebenden Probleme liegen dann nicht in den Studiengängen, sondern allein in der Persönlichkeit der Betroffenen begründet.

Natürlich sind TH- und FH-Studium nicht „gleich" – sonst käme man ja mit einer dieser Möglichkeiten aus. Die Wirtschaft braucht beide Richtungen; in Stellenanzeigen sieht man häufig klare entsprechende Forderungen. Manchmal steht aber auch „TH-/FH-Ingenieur gesucht", das zeigt die Überschneidungen beider Ausbildungen.

Das TH-Studium ist von vornherein anders aufgebaut, dauert länger, vermittelt mehr Grundlagen und gilt, vereinfacht ausgedrückt, als noch stärker „wissenschaftlich/theoretisch" ausgerichtet. Es ist z. B. dann angebracht, wenn eindeutig Aufgaben in Forschung und Entwicklung angestrebt werden, wenn der Werdegang ganz zweifelsfrei auch allerhöchste Karrierestufen umfassen soll, wenn Interesse an dieser speziellen Studienausrichtung besteht – und die entsprechende Begabung mitgebracht wird.

Erfreulicherweise gibt es zwar gewollte „Durchlässigkeiten" zwischen beiden Richtungen, aber die TH-Ausbildung ist generell kein Aufbaustudium bzw. keine Weiterbildung für FH-Absolventen.

Alle „Aufsteiger" (so ganz paßt der Begriff hier zwar nicht, aber die Betroffenen selbst sehen sich so) machen den Fehler, mögliche weitere Entwicklungen immer nur vom derzeitigen eigenen Standpunkt aus zu sehen. Der FH-Absolvent mag so davon träumen, nun doch noch zusätzlich „TH-Mann" zu werden – er sieht häufig darin einen Vorteil. Dies kann aus der Sicht seines heutigen Status vielleicht sogar stimmen, aber die Blickrichtung ist falsch.

„Später", also nach dem evtl. TH-Abschluß, ist dieser Ingenieur „nur" noch TH-Mann, nur die anderen TH-Absolventen sind seine Vergleichsbasis. Auch er wird dann allein diese Maßstäbe anlegen – und selbst nach ihnen beurteilt werden. In dieser Gruppe jedoch steht er – vielleicht – gar nicht so günstig da im allgemeinen Vergleich. Zunächst ist er älter, fängt später an mit dem Berufsleben. Häufig, das lehrt die Erfahrung, schafft er sich auch selbst durch eine überspitzte Erwartungshaltung Probleme. Das zweite Studium muß sich ja nun „lohnen" – finanziell und von den Aufgaben her. Während z. B. ein „normaler" TH-Absolvent häufig nichts dabei findet, sich auf eine Anzeige zu bewerben, in der „TH/FH" gesucht wird – wenn das Unternehmen attraktiv und die Entwicklungschancen gut sind – ist der „Aufsteiger" meist mehr bemüht, nun auch wirklich dort einzusteigen, wo die „zusätzliche Quälerei" auch eindeutig lohnt.

Dieser zusätzliche Aufwand an Zeit und Energie sollte wirklich bedacht werden. Weniger unter dem Aspekt, sorgfältig zu überlegen, ob dieser Aufwand sich „auszahlt" (was häufig bezweifelt werden muß), sondern aus praktischen Überlegungen. Der FH-Absolvent, der glaubt, seine spezielle Karriereambitionen nur als TH-Mann realisieren zu können, müßte ja erhebliche Energien einsetzen, um den TH-Abschluß zusätzlich zu erwerben. Auch mit TH-Examen macht man ja in keiner Weise „automatisch" Karriere, sondern auch dann muß in dieses Ziel wiederum erhebliche Energie investiert werden. Für den Fachhochschulabsolventen dieses Beispiels ist also „doppelter" Einsatz erforderlich. Steckt er diesen ganzen Aufwand gleich in die berufliche Praxis statt erst einmal ins zweite Studium, würde er sicher mindestens ebensoviel erreichen, dabei insgesamt vermutlich mehr Geld verdienen und das geringere Risiko tragen (wer garantiert für Arbeitsmarktchancen in 4 Jahren – die heutigen kennt man immerhin).

Resümee: Beide Studienrichtungen sind verschieden. Jeder sollte vorher entscheiden, was besser zu ihm, seinen Begabungen und Ambitionen paßt und diesen Weg konsequent durchziehen. Das TH-Studium ist anders, „besser" wäre der falsche Ausdruck. Wehe dem „mühsam" zum TH-Mann gewordenen Ingenieur, der vom Persönlichkeitstyp her dann gar nicht zum „Vollakademiker"-Status paßt und auf der Strecke bleibt. Uns überzeugen nur zwei Argumente für ein solches zweites Studium wirklich:

a) Ich gebe zu, daß mir allein schon das Gefühl etwas bedeuten würde, eine „richtige" Universität besucht zu haben (Vergleich mit Freunden, Verwandten usw.). Das ist dann eine menschliche Schwäche – aber wer ist davon völlig frei?

b) Ich strebe eine Laufbahn an, für die eine TH-Ausbildung rein fachlich entscheidend besser oder unumgänglich ist (F+E, manche Bereiche des Staatsdienstes).

Und bitte glauben Sie nie, mit TH-Abschluß sei Karriere leichter zu erreichen. Fragen Sie einmal die zahlreichen Absolventen dieser Richtung, die in unteren und mittleren Positionen „stekkengeblieben" sind, warum sie denn nun die „einmaligen Chancen" ihrer Ausbildung nicht besser genutzt haben.

Da es hier ausschließlich um das zweite Studium, nicht um die generelle Studienentscheidung geht, sei noch folgender Hinweis erlaubt: Wer zu Minderwertigkeitskomplexen neigt, wird ohnehin allergrößte Schwierigkeiten mit seiner Karriere bekommen.

Zum konkreten Rest Ihrer Frage: Ja, Sie bleiben immer „nur" ein doppelter FH-Ingenieur. Versuchen Sie, damit zu leben.

Wenn Sie einmal eine besonders interessante Position erreicht haben, ist es bei Bewerbungen möglich, diesen Erfolg „mitzunehmen". Versuchen Sie, die Fixierung auf die TH-Leute zu überwinden – in ein paar Jahren zählt nur noch Ihre Persönlichkeit. Oder anders ausgedrückt: Ihr Problem ist es nicht, „nur" FH-Absolvent zu sein – sondern darin eine Einschränkung zu sehen. Das hört sich nur so banal an, bedenken Sie aber: Stets werden Sie im Leben auf Leute treffen, die mehr Geld haben, intelligenter sind, eindrucksvoller aussehen, für berufliche Anforderungen begabter sind, den verständnisvolleren Ehepartner haben usw. Oder, um näher beim Thema zu bleiben, Sie treffen als TH-Mann auf eine Position, für die „man eigentlich" promoviert haben müßte. Und dann geht das ganze Theater von vorne los.

Zweitstudium nach den ersten Berufsjahren

Frage: Kann man nach abgeschlossenem Hochschul-Studium und mehrjähriger Berufstätigkeit als Diplom-Ingenieur an eine Universität zurückkehren, um eine wissenschaftliche Tätigkeit auszuüben?

Antwort: Ob man dies kann, ist zunächst eine Entscheidung der jeweils von Ihnen bevorzugten Universität. Wir nehmen aber an, daß Sie dieses Problem bereits weitgehend gelöst haben und letztlich wissen wollen, ob später einmal eine Rückkehr in die Industrie möglich ist.

Aus dieser Sicht müssen wir Ihre Frage mit einem etwa 90prozentigen Nein beantworten. Wie immer kommt es auch hier darauf an, was Sie letztlich von Ihrer Berufslaufbahn erwarten, welche Ziele Sie anstreben. Für eine „normale" mit steigender Führungsverantwortung verbundene Karriere ist die spätere Rückkehr an die Universität ein Hindernis, da sie als Ausdruck einer ganz bestimmten persönlichen Geisteshaltung ausgelegt wird. Häufig vermutet man hinter einem solchen Bewerber (wenn Sie sich später wieder um die Rückkehr in die Wirtschaft bemühen, werden Sie als solcher auftreten müssen) einen Mann, der sich vielleicht in der speziellen Anforderungswelt der Industrie nicht wohl fühlte, dem starken Druck des Tagesgeschäfts dort nicht recht gewachsen war und voller Sehnsucht die erste Chance ergriff, wieder in die ihm vertrautere Welt von Lehre und Forschung zurückzukehren. Damit ist jedoch der betroffene Kandidat gleichzeitig als ein Mann abgestempelt, der eben nicht der Typ des engagierten, tatkräftigen Dynamikers ist, der über eine hinreichende Grundausbildung verfügt, nunmehr die „Ärmel aufkrempelt" und seine Chancen in der Industrie nutzt.

22

Wir würden Ihnen eine ganz andere Empfehlung geben wollen: Wenn die Versuchung, wieder an die Universität zurückzukehren, überhaupt für Sie grundsätzlich interessant ist, dann überlegen Sie selbstkritisch, ob Sie der Typ sind, der Karriere als Führungskraft in der Industrie machen will oder machen muß. Sie verstehen, daß wir allein Ihre Fragestellung bereits als Indiz für die andere Richtung deuten möchten.

Selbstverständlich ist dies eine allgemeine Aussage für die Mehrzahl entsprechender Industriepositionen. Im Einzelfall ist es durchaus denkbar, daß auf einem Spezialgebiet im Bereich von Forschung und Entwicklung durch einen zweiten Universitätsaufenthalt wertvolle, den späteren Bewerber weiter qualifizierende Zusatzkenntnisse erworben werden können. Dies gilt jedoch ganz gewiß nicht für Standard-Führungspositionen außerhalb engster Grenzen.

Fachfremdes Zusatzstudium

Frage: Ich bin Dipl.-Ingenieur (FH), 27, seit zwei Jahren in der Praxis (Projektbearbeitung). Obwohl ich glaube, recht erfolgreich zu sein — eine Beförderung zum Gruppenleiter steht in Aussicht — überlege ich, weiter zu studieren. Ich vermute bessere Aufstiegschancen als Uni-Absolvent. Bei 10—12 Stunden engagierter Arbeit täglich bleibt keine Zeit für Weiterbildung. Da in Stellenanzeigen immer mehr Rechtskenntnisse erwartet werden, erwäge ich ein Jurastudium bis zum 1. Staatsexamen.

Antwort: Wir nennen es das „Eigentlich-Syndrom". Es äußert sich durch originelle Ideen, die mit „eigentlich" beginnen („eigentlich müßte man doch ..."). Die „Krankheit" ist „lebensgefährlich", besser gesagt existenzbedrohend. Gerade der Komplex „Beruf" unterliegt Regeln, die auf originelle (auch im positiven Sinne) Einfälle ebenso empfindlich reagieren wie die Regel beim Skat oder Golf.

Ihre Überlegungen sind durchaus logisch – was ebensowenig bedeutet wie Logik bei Karrierefragen in der Kommunalpolitik oder wo auch immer.

Sie verzeihen uns diese Einleitung bitte – aber gerade bei diesem recht trockenen Thema ist im Interesse der anderen Leser eine gewisse Auflockerung sicher erlaubt. Am eindringlichen Ernst unserer Aussage soll das aber nichts ändern.

Grundsätzliches zum Thema „Nach erster Industriepraxis weiter studieren" haben wir schon geschrieben, vieles davon gilt auch für Ihren Fall. Nach wie vor ist Skepsis angebracht, daß Schwierigkeiten sicher und Vorteile ungewiß sind (daß es sich im Einzelfall dennoch einmal auszahlen kann, ist eine ganz andere Frage – ohne Kenntnis der persönlichen Details müssen wir von Durchschnittswerten ausgehen).

Eine ganz neue Dimension bringen Sie mit der ausersehenen Fachrichtung „Jura" in diese Überlegungen hinein. Hier können wir nur eindringlich warnen:

1. Wenn Rechtskenntnisse von einem Ingenieur erwartet werden, dann sind es die aus dem Studium (in manchen Bereichen hören auch diese Studenten einige juristische Vorlesungen) bzw. die aus der beruflichen Praxis. Niemand verlangt die gleiche Kenntnistiefe, wie sie bei einem „echten" Juristen vorliegt.

2. Ein FH-Ingenieur, der zusätzlich das im wissenschaftlich/akademischen Sinne als (noch) höherwertiger geltende Jura-Studium mitbringt, ist „eigentlich" mehr Jurist, der technische Kenntnisse hat. Das aber scheinen Sie nicht werden zu wollen.

3. Wir wissen nicht, welche Ausgangsvoraussetzungen Sie mitbringen (Abitur) oder ob man problemlos als FH-Absolvent Jura studieren kann – das werden Sie hoffentlich selbst geprüft haben. Wir wissen aber, daß Sie danach recht alt sein werden. Ihre technischen Kenntnisse sind – da über Jahre hinweg nicht angewendet – eingerostet oder schlicht überholt, im Vergleich mit anderen Juristen, die gerade fertig

sind, dürften Sie mindestens sechs Jahre älter sein (Sie holen das kaum jemals wieder auf). Übrigens gilt als „Volljurist" (und damit fachlich so richtig ernstzunehmen) erst, wer auch das zweite Staatsexamen hat – welches noch einmal Jahre kostet.

4. Wichtigstes Argument: Der Arbeitsmarkt heißt nicht nur so, er ist auch einer (ein Markt). Die Nachfrage nach Arbeitskräften entscheidet, ob ein Anbieter von Qualifikation oder Leistung (Sie also) Erfolg hat oder nicht. Größter Fehler, dem schon ganze Konzerne ihr Scheitern zu verdanken haben, ist es, auf einem Markt etwas anzubieten, was niemand kaufen will. Wobei sich die „Käufer" nicht im geringsten danach richten, was „eigentlich" sinnvoll sein müßte, sie haben ihre zumeist recht eigenen Vorstellungen. Was derzeit gefragt ist, steht in Stellenanzeigen. Solange Sie dort nicht lesen, daß Ingenieure mit Zusatzstudium in Jura gesucht sind, wären Sie eine Art „weißer Rabe" im Markt. Ihre Bewerbung würde später mehr Verblüffung als Zustimmung auslösen.

5. Noch schlimmer: Mit Ihrem Werdegang, der dann zumindest als ungewöhnlich empfunden würde, könnten Sie auch erreichen, als „ungewöhnlicher Mensch" eingestuft zu werden. Die meisten Firmen halten es da mit der aus der Politik kommenden Devise „Nur keine Experimente".

Wir sagen es noch einmal: Im Einzelfall ist durchaus denkbar, daß Sie gerade durch diese Fächerkombination Ihr ganz persönliches berufliches Glück finden. Aus Gründen, die in der Wahrscheinlichkeit eines positiven Ausganges liegen, raten wir jedoch ab.

Betreiben Sie Ihre anstehende Beförderung – und arbeiten Sie zielsicher auf die nächste hin. Das bringt mit Sicherheit mehr als jetzt auszusteigen – ohne die geringste Vorstellung, wie der Arbeitsmarkt etwa 1990 aussehen mag. Lesen Sie bitte auch die nächste Frage, sie liegt haargenau im Thema.

Frage: Als Ingenieur mit einigen Jahren Berufserfahrung habe ich vor fünf Jahren ein Jura-Studium aufgenommen, das ich demnächst als Achtunddreißigjähriger mit dem zweiten Staatsexamen beenden werde. Ausschlaggebend für meine Entscheidung war die tiefe Kluft in Sachkenntnis und Denken, die ich zwischen Technikern und Juristen erkennen mußte, wobei vor allem auf die Juristen häufig das Wort eines englischen Richters zutrifft: „We should not go into details, for if we do so, we would not understand them." Nun aber sehen mich beide Gruppen entweder als Eindringling oder als Überläufer an — ohne dabei zu vergessen, ihrer Bewunderung für diesen Schritt Ausdruck zu verleihen. Da „nur" eine Aufgabe als Jurist ohne Technikbezug nicht vorstellbar ist, möchte ich in die Industrie zurückkehren. Welche Argumentationsschiene schlagen Sie mir für Bewerbungen vor?

Antwort: Das glaubt uns wieder kein Mensch, daß beide Fragen, völlig unabhängig voneinander, absolut „echt" sind. Es gibt neben anderen aber auch solche Zufälle.

Abgesehen davon, daß Ihre Darlegungen das Problem des vorstehenden Fragestellers lösen (so hoffen wir), liegt auch ein Teil unserer Antwort an Sie in unseren Ausführungen zu diesem Thema dort.

Eine pauschale Empfehlung für „weiße Raben" des Arbeitsmarktes kann es nicht geben. Auch Sie sind mehr Jurist als Ingenieur. Häufig sind Rechtsabteilungen dankbar für Bewerber mit technischem Background. Aber für den Anfänger mit fast 40 bleibt halt nur noch wenig Zeit bis zum Rentenantrag ...

Bedeutung von Examensnoten

Frage: Ich studiere noch, mein Examen steht in Kürze an. Ständig liest man die Forderung nach „Prädikatsexamen". Warum eigentlich wird dem Zufall, ob im Examen nun gerade ein Thema angeschnitten wird, das ich beherrsche, so viel Bedeutung beigemessen? Ein „Ausreichend" sagt doch eigentlich auch, daß die Kenntnisse für übliche Anforderungen „ausreichen". Kommt es denn nicht wesentlich mehr auf die Leistungsfähigkeit als auf diese Zufälligkeiten an? Ist nicht auch Einstein ein schlechter Schüler gewesen und doch ein großer Mann geworden?

Antwort: Beginnen wir mit dem letzten Thema. Wir entnahmen Presseveröffentlichungen der letzten Wochen, daß hier wohl ein großes Mißverständnis vorgelegen hat. Offenbar soll die eigentliche Ursache dieser Legende in dem Umstand liegen, daß die von Einstein besuchte Ausbildungsanstalt während seiner Zeit dort die Maßstäbe änderte. Die Bedeutungen von „1" und „6" haben sich danach plötzlich umgekehrt, was späteren Chronisten wohl entgangen sein muß. Selbst wenn diese neuesten Spekulationen nicht stimmen, ist natürlich der Vergleich mit Genies immer etwas gefährlich. Letztlich werden aus „schlechten" Schülern so selten Nobelpreisträger, daß die Quote statistisch nicht ins Gewicht fällt.

Für die Wünsche der Unternehmen im Hinblick auf Prädikatsexamen gibt es mehrere Gründe, von denen wir die wichtigsten vorstellen:

1. Häufig arbeiten sich Menschen in Führungs- und Entscheidungsposition hinauf, die selbst gute Examen mitbringen und sich instinktiv nach Mitarbeitern mit ähnlichen Voraussetzungen umsehen.

2. Unbestreitbar gibt es Studenten, die für ihr Fachgebiet unbegabt und solche, die schlicht faul sind. Beides führt zwangsläufig zu schlechten Noten – beides sind aber auch Eigenschaften, die einen Bewerber nicht gerade zum begehrten Mitarbeiter machen. Ein Unternehmen muß bei schlechten Examen immer auch vermuten, der entsprechende Kandidat könnte eben ... Bei Bewerbungen müssen Sie beweisen, daß Sie im Sinne der Position qualifiziert sind, ein gegenteiliger „Verdacht", auch wenn er unbewiesen ist, spricht erst einmal gegen Sie.

3. Menschen mit überwiegend guten Zeugnisnoten berichten aus ihrer Erfahrung häufig, daß Fächer, in denen sie mit „ausreichend" bewertet wurden (über Jahre, nicht in einer Arbeit), nun wirklich nicht zu ihren Stärken gehörten. Wer selbstbewußt sein darf, weil er in vielen wichtigen Bereichen zuverlässig gute Noten schreibt, gibt häufig auch zu, wie schwach er in anderen Bereichen ist — und schließt so auf die Schwächen anderer.

4. Die Unternehmen schließen häufig aus Noten gar nicht so sehr auf Fachwissen als auf allgemeine Eigenschaften und Fähigkeiten. Dem liegt die Erkenntnis zugrunde, daß ohnehin nur ein geringer Prozentsatz des erlernten Wissens im Beruf verwertbar ist. Aber: der junge Schüler oder Student war jahrelang mit gleich vorgebildeten Leuten gleichen Alters unter (fast) gleichen Umständen in der gleichen Anforderungssituation. Wer sich in diesem Wettkampf profilieren konnte, wer den Kopf „ein wenig aus der Masse" gehoben hat (weil er besser als der Durchschnitt abschloß), ist in jedem Fall interessant.

5. Gefragte Eigenschaften wie Intelligenz, Flexibilität, Zielstrebigkeit, Einsatzfreude u. ä. sind durch gute Noten recht eindrucksvoll unter Beweis zu stellen. „Von nichts kommt nichts", sagt man — gute Leistungen im Studium müssen ja letztlich eine (positive) Ursache haben. Und wenn sie für das überragende taktische Geschick eines Menschen stehen, mit Professoren und Dozenten immer gut auszukommen, in fast jeder Situation das Richtige zu tun, sich auf die richtigen Themen vorzubereiten. Andere mögen es auch „Glück" nennen. Aber „Glück" als wesentliche Ursache für gute Noten in Vor- und Hauptexamen in allen wichtigen Fächern? Oder „Zufall" als Erklärung für lauter schlechte Ergebnisse?

6. Ein Zeugnis darf Begabungsstärken und -schwächen erkennen lassen. Einem „Gut" in einem Fach darf schon einmal ein „Ausreichend" an anderer Stelle gegenüberstehen. Wenig überzeugend ist jedoch ein Dokument mit „Vieren" in jedem einzelnen Fach. Hier hört man oft die Meinung von Personalchefs, der Kandidat habe — bestenfalls — die falsche Fachrichtung studiert.

7. „Examensangst" wäre auch keine gute Erklärung. Je nach Anspruch an die eigene Laufbahn kann das Berufsleben ein einziges permanentes Examen sein – Prüfung (mit Risiko des Scheiterns) ist täglich.

8. Selbst wenn ein gutes Zeugnis nichts beweist – was in aller Welt beweist ein schlechtes? Im Zweifelsfall läßt man sich dann lieber von einem guten „nichts" beweisen.

Alle diese Aussagen müssen Sie werten vor dem Hintergrund des Wettbewerbs um interessante Anfänger-Positionen. Gut und attraktiv aufgemachte Personalanzeigen bringen heute leicht mehrere hundert Bewerbungen. Warum sollte sich ein Unternehmen, das am Weltmarkt auch „knallhart" nur an seinen Leistungen gemessen wird, nicht auch den Absolventen heraussuchen, der entsprechend den an ihn bisher gestellten Anforderungen leistungsstark erscheint? Im späteren Berufsleben werden gelöste Aufgaben, eingenommene Positionen und im Arbeitszeugnis dokumentierte Beurteilungen durch Arbeitgeber zunehmend wichtiger – ein Kriterium (dann eben nur eins unter vielen) bleibt das Examen jedoch immer.

Frage: Was empfehlen Sie eigentlich dem Absolventen mit schlechten Examensnoten? Wäre es – Ihren Aussagen in vorangegangenen Folgen entsprechend – nicht eigentlich so, daß ein Ergebnis schlechter als 2,5 zu dem Prädikat „nicht für das Berufsleben geeignet" führt?

Antwort: Über „Prädikatsexamen" und ihre Wertung haben wir schon gesprochen. Wir empfehlen dem von Ihrer Frage Betroffenen zunächst Einsicht und Selbstkritik (keine Verzweiflung). Dieser junge Mensch hat sich in einem halbwegs fairen Vergleichswettbewerb mit anderen zunächst nicht für die Spitzengruppe qualifizieren können. Das ist etwa so, wie wenn ein Fußballklub die Qualifikation für die Bundesliga nicht geschafft hat – dann muß er eben erst einmal in der nächsttieferen Liga spielen und sich durch Leistung weiter qualifizieren. Natürlich hinkt dieses Beispiel, macht aber doch die Zusammenhänge deutlich.

Der Absolvent mit dem mäßigen Examen hat also die erste Chance seines Berufslebens versäumt, er hat aber noch eine zweite. Er muß nun also in der Praxis besondere Leistungen auf allen Gebieten zeigen, um sich für den späteren „Klassenaufstieg" zu qualifizieren. Natürlich sollte er einsichtig genug sein, sich schon bei der Suche nach der Anfangsposition nicht ausschließlich auf die „Rosinen" zu konzentrieren. Das sind dann die Führungsnachwuchs-Trainee-Programme von Weltkonzernen, die attraktiven Großstadt-Dienstsitze, die ganz großen „Namen" der deutschen Industrie. Um bei dem Beispiel zu bleiben: Wenn ein Fußballspieler nicht gut genug beurteilt wird, um einen Bundesliga-Vertrag zu bekommen, dann muß er sich eben erst einmal bei einem „Verein" beweisen, der ihm in der Attraktivität vielleicht weniger herausgehoben erscheint.

Wer diesen Weg geht (oder gehen muß), ist dann natürlich doppelt verpflichtet, durch überzeugende Leistungen in der Praxis die evtl. Belastung durch schlechtere Examensnoten auszugleichen. Ziel ist, möglichst in diesem Unternehmen befördert zu werden, kontinuierlich verantwortungsvollere Aufgaben übertragen zu bekommen — und eines Tages mit einem uneingeschränkt positiven Berufszeugnis abzugehen.

Dies alles gilt für das „mäßige", aber noch vertretbare Zeugnis, das immerhin Begabungsschwerpunkte erkennen läßt. Mit einem von oben bis unten „ausreichend" ausweisenden Examenszeugnis ist man nicht „ungeeignet für das Berufsleben" — hat aber vermutlich den falschen Beruf.

Um bei unserem Beispiel zu bleiben: Daß die Begabung eines Menschen zum Bundesligaspieler nicht ausreicht, ist ja nur dann schlimm, wenn er sich ausgerechnet dieses Ziel setzt. Wir z. B. halten den Ingenieur schon für einen attraktiven, erstrebenswerten Beruf — akzeptieren aber doch auch, daß es Anwälte, Biologielehrer oder Maurer geben muß. Generell unbegabt ist eigentlich niemand — für den Beruf des Ingenieurs jedoch ist dies durchaus möglich. Und wer seine eigenen Fähigkeiten und Grenzen nicht erkennt, wird „im Leben" mit so vielen Schwierigkeiten konfrontiert werden, daß es auf die falsche Berufswahl kaum noch ankommt.

Laufbahnplanung/Karriereziel

Frage: Welcher der drei großen Bereiche „Vertrieb", „Betrieb" und „Konstruktion" ist hinsichtlich Einkommen, Aufstiegschancen und erreichbarer Positionen am meisten „karriereträchtig"?

Antwort: Seit Goethe, so sagt man, seien echte Universalgenies so gut wie nicht mehr vorgekommen. Ein solches aber müßte man sein, wenn man mit der Antwort auf diese Frage wirklich etwas anfangen wollte. Und noch eine Warnung: Wenn nun wirklich eine dieser Tätigkeitsrichtungen „karriereträchtiger" wäre – wären dann die jeweils auf den anderen Gebieten tätigen Ingenieure nicht automatisch als „zweitklassig" entlarvt? Dabei hätten sie nur rechtzeitig die obige Frage stellen müssen . ...

Ihre Betrachtung setzt voraus, man müsse sich als Ingenieur nur die richtige (sprich aussichtsreiche) Betätigung suchen, dann sei man der Spitzenkarriere schon ein gutes Stück näher. Dem steht entgegen, daß nach Erfahrungswerten nahezu aller Fachleute ohne Talent (oder Begabung) für eine bestimmte Tätigkeit nur begrenzte Erfolge möglich sind. Talent allein genügt dann immer noch nicht, man muß auch Glück haben, die richtigen Leute kennen, im richtigen Augenblick am richtigen Platz verfügbar sein. Versuchen wir einmal, die unterschiedlichen Anforderungen an das Talent der drei genannten Richtungen herauszuarbeiten (dies kann nur grob sein und muß nicht in jedem Einzelfall stimmen – dazu ist unsere Wirtschaft zu heterogen, gibt es zu viele verschiedene Branchen, Firmengrößen, Märkte, Inhaber usw.):

1. Nach überwiegender Auffassung wird im „Vertrieb" am meisten Geld verdient. Auch hat fast jedes Unternehmen eine Vorstands- oder Geschäftsführerposition speziell für dieses Ressort und bietet damit eine geradlinige Karrierechance. Als Faktum erforderlich sind gute Kenntnisse in möglichst mehreren Fremdsprachen und – sehr häufig – ausgeprägte Reisebereitschaft (allein an letzterem Problem sind schon Ehen gescheitert und viele gut verdienende Vertriebsingenieure haben nahezu ver-

zweifelt in späteren Jahren nach einem Tätigkeitsbereich Ausschau gehalten, der das „Leben aus dem Koffer" beendet).

Zentraler Punkt aber ist die Verkaufsbegabung, die nur sehr begrenzt durch Training auszugleichen ist. „Kontaktfreude" leuchtet als Forderung jedem ein. Das beinhaltet aber auch, mit fast jedem Partner auskommen zu müssen – vor allem, wenn er Kunde ist. Auch im Industriegeschäft entscheidet häufig die persönliche Beziehung über den Abschluß. Im internationalen Bereich tätige Top-Verkaufsmanager berichten gelegentlich, sie hätten bestimmte Abschlüsse nicht zustande gebracht, wenn sie im entscheidenden Augenblick nicht hinreichend trinkfest gewesen seien (dies ist nur eine zufällig zitierte Nuance von vielen, dies ist natürlich kein generelles Auswahlkriterium). Wichtig ist die Fähigkeit, durch persönlichen Einsatz und durch Überzeugungskraft etwas „verkaufen" zu können – auch an Leute, die man als unsympathisch empfindet und denen man vielleicht am Beginn seiner Bemühungen lästig fällt. So falsch ist das alte Beispiel gar nicht, daß ein guter Verkäufer im Prinzip auch Kühlschränke an Eskimos verkaufen können sollte. Und daß z. B. die Sekretärin des gewünschten Geschäftspartners erklärt, ihr Chef habe weder Zeit noch Interesse für ein Gespräch, ist für einen guten Verkäufer eine Information, die er in seine Taktik einbezieht – mehr aber auch nicht.

Gewandtheit, gute Umgangsformen, die unbedingte Bereitschaft zum Eingehen auf den Gesprächspartner, rhetorische Fähigkeiten und nicht zuletzt auch z. T. sehr detailliertes technisches Fachwissen sind unerläßlich. In gehobenen Positionen dieses Metiers ist es Pflicht, in Marketingstrategien und -konzeptionen denken zu können.

Wer dafür begabt ist, wird sich in anderen Bereichen nicht wohl fühlen – ein anderer mag schaudern bei dem Gedanken, daß man auch schon einmal mit größeren Barbeträgen für den Vetter des zuständigen Ministers im Fluggepäck reisen muß, wenn man in bestimmten Ländern Geschäfte machen will (auch dies nur ein Mosaiksteinchen, das ein Metier nicht charakterisiert, das aber in speziellen Fällen erfolgsentscheidend sein kann).

Wir betonen ausdrücklich, daß es durchaus eine große Zahl von täglich erzielten Verkaufsabschlüssen gibt, bei denen rein sachliche Argumente den Ausschlag geben – die Bewährung in verkäuferischen Top-Positionen setzt jedoch die zusätzlich erwähnten „Talente" weitgehend voraus.

2. Der „Betrieb" (als übliche Umschreibung für Produktion, zumeist incl. AV) hat demgegenüber ganz andere Aufgaben und stellt entsprechend andere Anforderungen. Hier steht schon für den jungen Ingenieur sehr früh die Führungsaufgabe im Mittelpunkt. Recht schnell kommt man in die „Verlegenheit" (wenn man dafür nicht begabt ist), fünfzig oder auch fünfhundert Mitarbeiter führen zu müssen. Dieser Punkt ist viel stärker ausgeprägt als bei den anderen beiden Gebieten.

Es gibt seitenlange Definitionen darüber, was Führen heißt bzw. im Einzelfall bedeuten kann. In jedem Fall gehört dazu, sich (z. B. gerade auch gewerblichen) Mitarbeitern gegenüber durchzusetzen, sie für bestimmte Leistungen (Überstunden z. B.) zu motivieren, ihnen ein stets souveräner Chef zu sein. Der stetige Termin- und immer stärker werdende Kostendruck, der auf der Produktion lastet, stellt enorme Anforderungen. Investitionsvorbereitungen und -entscheidungen fordern zunehmend betriebswirtschaftliche Kenntnisse. AV-Verantwortung setzt planerische und konzeptionelle Fähigkeiten voraus, moderne Fertigungstechnologie macht entsprechendes Wissen unabdingbar. Kenntnisse auch des Betriebsverfassungsgesetzes, Verhandlungen mit dem Betriebsrat, gelegentliche Kunden- und zahlreiche interne Kontakte (mit dem Vertrieb, der Konstruktion, dem Einkauf usw.) runden das Bild ab. Zumeist wünschen sich Unternehmen in der Rolle des Betriebschefs die „gestandene", praktisch orientierte Persönlichkeit, die mitunter ruhig auch ein wenig „kantig" sein darf.

Zentraler Punkt aber ist und bleibt die Führung einer großen Anzahl von Mitarbeitern (dem Betriebsleiter untersteht meist mehr als die Hälfte der Gesamtbelegschaft). Der „echte" Betriebschef ist mit dieser Führungsrolle verwachsen – bei einer evtl. Versetzung in eine rein „theoretisch" ausgerichtete Stabsaufgabe würde er sich ein wenig wie ein „Fisch auf dem Trocknen" fühlen. Mit dieser zentralen Ausrichtung ist auch die „Talentrichtung" festgelegt, die der wirklich gute Betriebsleiter mitbringen muß. Für zarte Naturen, für einseitig intellektuell oder „wissenschaftlich" ausgerichtete Menschen ist hier, zumindest in den höheren Hierarchieebenen, kaum ein Platz. Lernen kann man Menschenführung ohnehin nur bedingt – wenn der Betriebsleiter unvorbereitet einem spontanen Streik, dem überraschenden Fehlen „lebenswichtiger" Teile bzw. Materialien oder einem 25%-Krankenstand gegenübersteht, ist seine Persönlichkeit gefordert, angelerntes Wissen hilft dann nicht mehr.

Funktionen dieser Art werden in der Wirtschaft der Verantwortung entsprechend recht solide honoriert, wenn auch die Spitzengehälter wirklicher Top-Verkaufsmanager nicht immer zu erreichen sind. Der Aufstieg in Vorstands- oder Geschäftsführerpositionen ist auf dieser Schiene schwieriger, weil in der Unternehmensspitze zumeist zusätzliche Erfahrungen verlangt werden (z. B. für die Position des „technischen Geschäftsführers" fast immer oder sogar bevorzugt Konstruktionspraxis).

3. Alle diese Argumente beeindrucken den wirklich erstklassigen Konstrukteur (und/oder) Entwickler kaum oder gar nicht. Er ist, was er ist, aus Leidenschaft – mit „Leib und Seele" sozusagen. Er gestaltet, entwirft, findet völlig neue Lösungen, sucht immer wieder nach bahnbrechenden Konstruktionen, die anderen überlegen sind. Ein bißchen von einem Tüftler an sich zu haben, gehört dazu (und manche Unternehmenschefs verraten hinter vorgehaltener Hand, „enorm tüchtig" sei ihr Konstruktionsleiter, aber Führen sei halt seine Stärke nicht und „enorm schwierig" sei er schon – aber „um Gottes Willen, dieser Mann ist lebenswichtig für uns."). Womit gesagt sein soll, persönliches fachliches Können, Innovationskraft und ein gehöriger Schuß Brillanz entscheiden hier maßgeblich über die Karriere.

Neuerdings klagen Konstrukteure schon einmal, heute gäbe es so viele Vorschriften und Vorgaben (Lasten- und Pflichtenhefte), daß für eigene Kreativität immer weniger Raum bliebe, Dinge wie CAD gäben der Sache den Rest.

Andere Kollegen sehen diese Gefahr nicht, sie finden nach wie vor Raum für die eigene Gestaltungsfreiheit und sehen in modernen Methoden neue Chancen. Was ein Konstrukteur heute können muß: Denken in Marktkategorien (kaufen müssen die Leute die Produkte), ständige Überlegungen in Richtung kostengünstiger Produktion. Dies ist zwar im Zeitalter modernen Marketings unabdingbar, manch „genialer Kopf" jedoch empfand es als Zumutung, in die „Niederungen des Verkaufens" einzusteigen. Inzwischen sind aber fast alle Unternehmen geschlossen worden, die ihrem Konstruktionschef hier zu lange solche Überlegungen erspart haben.

Wie auch immer – lernen kann man zwar die Grundbegriffe, ohne Begabung jedoch läuft hier gar nichts (wenn man an Karriere denkt). Der gute, erfolgreiche Konstrukteur wird kaum etwas anderes machen wollen. Konstruktionsgeschäftsführer sind selten in den Unternehmen, es gibt aber gute Chancen, sich auf diesem Weg zum „technischen Leiter/Geschäftsführer/Vorstand" zu qualifizieren.

Zum Abschluß dieses Themas: Wir wollten Ihnen begründen, wie falsch Ihre Frage gestellt ist. Was nützt die „richtige" Richtung, wenn die unabdingbare Grundbegabung nur für Anfangserfolge reicht? Und wir bitten noch einmal alle Verkaufs-, Betriebs- und Konstruktionsleiter um Nachsicht, die gerade ihre Tätigkeit hier sehr unvollkommen beschrieben fanden.

Frage: Nach langen Bemühungen um eine Stellung nach dem Studium habe ich als freier Mitarbeiter im technischen Marketing anfangen können. Wie wird bei späteren Bewerbungen diese Tätigkeit bewertet? Wäre eine branchenfremde Festanstellung besser gewesen?

Antwort: Wichtig für eine Aussage ist die Zielsetzung, die Sie beruflich überhaupt verfolgen. Ihre Frage läßt sich immerhin so interpretieren, daß die Fachrichtung schon auf Ihrer Linie liegt, Sie sich aber um eine mögliche Unterbewertung des „freien Mitarbeiters" sorgen.

Der junge Studienabsolvent darf noch sehr viel tun, was dem erfahrenen Ingenieur später weniger problemlos zugestanden wird. Ein paar „Lehr- und Wanderjahre" sind hier durchaus möglich – sofern Sie damit „im Rahmen" bleiben.

Wenn Sie also in späteren Bewerbungen erklären, Sie seien heute als freier Mitarbeiter tätig, weil Sie nach dem Examen Schwierigkeiten gehabt hätten, eine optimale Anfangsposition zu finden, die im angestrebten Fachbereich lag, wird Sie dieser Umstand kaum belasten. Eine fachfremde Tätigkeit wäre schwieriger zu begründen und brächte Ihnen später vermutlich deutlich mehr Probleme.

Frage: Nach dem Hochschulstudium trat ich in einem Großunternehmen meiner Heimatstadt meine erste Stelle an. Ohne direkten Grund und praktisch nur vom Wunsch nach „Luftveränderung" und besseren Perspektiven getrieben, suchte ich mir eine besser bezahlte Stelle in einem anderen Ort. Nach nunmehr vier Jahren hat sich meine familiäre Situation geändert, es zieht mich aus privaten Gründen zurück, wobei nur mein „alter" Arbeitgeber wieder in Frage käme. Wie stellt sich dieses Problem aus der Sicht von Unternehmen und betroffenen Mitarbeitern?

Antwort: Unter dem üblichen Vorbehalt, daß ohne Detailkenntnisse nur pauschale Aussagen möglich sind, die nicht immer dem Einzelfall gerecht werden:

1. In die Kategorie der „schlimmsten aller denkbaren Fehler" gehört der Arbeitgeberwechsel aus privaten, standortabhängigen Gründen. Bitte lassen Sie sich mit aller Eindringlichkeit warnen! In Gesprächen mit Betroffenen ergibt sich sehr häufig die Frage: „Warum, in aller Welt, haben Sie eigentlich damals die Position aufgegeben ...?", wenn nach Ursachen für Fehlentwicklungen gesucht wird. Das Berufsleben ist kompliziert genug, man sollte nicht auch „sachfremde" (ein bewußt provozierendes Wort; die meisten von uns haben eine Familie, die ihnen sehr am Herzen liegt) Argumente in diese vielschichtigen Entscheidungsprozesse einfließen lassen.

Es reicht, wenn Sie beim aus beruflichen Gründen erforderlichen Wechsel ggf. private Gründe in die Entscheidungsfindung (z. B. Standort) einfließen lassen. Aber man kündigt nicht, nur weil man woanders lieber wohnen möchte.

So manche Familie hat Jahre später vor der Frage gestanden, ob ihr statt eines nun „karrieregeschädigten" (manchmal sogar arbeitslosen) Vaters nicht ein weniger schöner Wohnort lieber wäre.

2. Ob man wieder zu früheren Arbeitgebern zurückgehen soll, läßt sich weniger eindeutig beantworten. Allerdings lehrt auch hier die Erfahrung, daß Skepsis angebracht ist. Der „alte" Arbeitgeber hat zumeist prinzipiell nichts dagegen – wenn die Befragung ehemaliger Vorgesetzter bzw. das Studium Ihrer alten Personalakte keine negativen Anhaltspunkte ergibt. Aber so ganz vergessen wird er auch nicht, daß Sie schon einmal den „Bruch" herbeigeführt hatten.

Die Einschränkungen ergeben sich vor allem aus Überlegungen ganz „menschlicher" Art: Sie sind vor Jahren zu dem Ergebnis gekommen, daß dieses („alte") Unternehmen Ihnen nichts mehr zu bieten hat, daß es Ihnen dort nicht mehr – und an anderer Stelle vermutlich besser – gefällt. Wenn Sie jetzt zurückkehren, dann werden sich bei den ersten (mit Sicherheit zu erwartenden) Problemen sofort Zweifel ergeben: „Hätte ich doch nicht wieder hierhergehen sollen?" Außerdem steht ja fest, daß Sie schon einmal das Band zwischen sich und diesem Haus zerschnitten hatten, erfahrungsgemäß liegt eine Wiederholung dieses Schrittes dann eher auf der Hand als die Trennung von einem völlig neuen Arbeitgeber. Im Normalfalle (und im Zweifel) soll man die Vergangenheit eher nicht wieder aufleben lassen. Das schließt nicht aus, daß gerade Sie dennoch im „zweiten Anlauf" Ihr berufliches Glück dort machen könnten, nur halten wir eher das Gegenteil für wahrscheinlich – in der Kombination mit Teil 1 der Frage ganz besonders.

Frage: Ich stehe seit fünf Jahren im Beruf. Leider war ich vor einiger Zeit arbeitslos. Aufgrund eines interessanten Vorstellungsgespräches habe ich mich für eine Position entschieden. Nun muß ich feststellen, daß die mir gemachten Angaben vor der Einstellung nicht mit den Realitäten übereinstimmen. Raten Sie mir nach so kurzer Firmenzugehörigkeit zur Kündigung? Mit welchen Gedanken zukünftiger Arbeitgeber müßte ich rechnen?

Antwort: Sie kennen die Geschichte von dem Mann, auf dessen Grabstein stand: „Aber er hatte Vorfahrt." Genützt hatte es ihm aber wohl nichts. Auch in Ihrem Fall raten wir zur Vorsicht. Auf einem (Arbeits-)Markt muß man gelegentlich ganz einfach abwägen, wo und wie man optimale „Verkaufsergebnisse" für sein Produkt „Arbeitskraft" erzielt. Das ist ein hartes Geschäft, für Fragen nach der Schuld an bestimmten Entwicklungen bleibt da wenig Raum.

Wenn Sie jetzt kündigen, ohne einen neuen Arbeitsvertrag in der Tasche zu haben, müßten Sie mit schweren Vorbehalten möglicher neuer Arbeitgeber gegen Ihre Bewerbung rechnen. „Statt froh zu sein, daß ihm jemand eine Chance gibt, wirft er denen den Job vor die Füße" – wird mancher Personalchef denken. Da Sie Ihre Version mit den falschen Angaben im damaligen Vorstellungsgespräch nie beweisen können, laufen Sie ganz einfach Gefahr, als „Querulant" eingestuft zu werden, der sich nicht anpassen kann.

Etwas weniger kritisch ist es, sich jetzt aus dem bestehenden Arbeitsverhältnis heraus wieder zu bewerben (und erst nach Vertragsunterschrift zu kündigen). Bedenken Sie aber, daß Sie nicht wissen, was an der neuen Stelle alles auf Sie zukommt. Evtl. kommen Sie lediglich „vom Regen in die Traufe". Dem möglichen neuen Arbeitgeber wären Sie dann auf Gedeih und Verderb „ausgeliefert" – bei einem erneuten Scheitern dort hätten Sie kaum noch Chancen auf diesem Markt.

Wir raten Ihnen zu nüchternem Abwägen aller Aspekte mit dem Ziel, hier dem bestehenden Arbeitsverhältnis doch noch einmal eine Chance zu geben, sich letztlich positiv zu entwickeln. Erfreulicherweise fragen Sie, bevor Sie handeln. Damit allein unterscheiden Sie sich schon von vielen anderen, deren Karriere unter der oben zitierten Grabinschrift begraben sein könnte.

Man muß auch einmal eine Schlacht verlieren können, wenn man einen Krieg gewinnen will, hat einmal ein Kenner dieses Metiers gesagt (wir lieben „kriegerische" Beispiele auch nicht so sehr, sie sind jedoch häufig ganz besonders einprägsam).

Frage: Nach einem relativ langen Bildungsweg über Lehre, Techniker- und Ingenieurausbildung habe ich, bedingt durch breite berufliche Interessen, relativ oft die Stelle und das Aufgabengebiet gewechselt. Ich war im EDV-Kundendienst, in der Antriebs- und Steuerungsprojektierung, im Groß-Trafo-Vertrieb, ich war Berufsschullehrer und bin nun wieder in der Steuerungsprojektierung. Mit nun 40 Jahren bin ich praktisch zu „teuer" für Positionen ohne Personalverantwortung. Den Einstieg in Führungsaufgaben wünsche ich mir schon, stoße aber auf Zurückhaltung. Soll ich nun weiterhin auf die reine Sachverantwortung setzen oder doch eher nach Personalführung streben?

Antwort: Sie lassen in Ihrem (ausführlichen) Schreiben erkennen, daß Sie hinter den Reaktionen auf Ihre Bemühungen ein Prinzip vermuten. Recht haben Sie – hier geht es einmal mehr um die vielzitierten „Spielregeln".

Wichtigste Erkenntnis für Sie: Offensichtlich neigen Sie ein wenig dazu, zunächst in ein „Spiel" einzusteigen und bei den ersten „Verlusten" etwas überrascht nach den Regeln zu fragen. Bei entsprechendem Interesse hätten Sie die folgenden Erklärungen schon vor 15 Jahren haben – und zur Grundlage Ihrer beruflichen Planungen machen können.

Die erste dieser Regel lautet: Wer bezahlt, bestimmt (weitgehend). Sie wollen, daß Unternehmen Ihnen ein Gehalt zahlen, also müssen Sie auch akzeptieren, daß diese Firmen ganz bestimmte Anforderungen stellen dürfen. Auch Sie kaufen für Ihr Geld nur Brötchen, die Ihren Vorstellungen entsprechen, die Industriebetriebe „kaufen" Berufserfahrungen ebenso im Rahmen ihrer Überlegungen und Wünsche.

Bitte sehen Sie uns diese banalen Erläuterungen und Beispiele nach. Diese Zusammenhänge sind aber nun einmal so simpel – und werden doch täglich tausendfach mißachtet. Wenn der Bäcker an der Ecke sein Geschäft schließen muß, weil er ausschließlich nach seinen Vorstellungen solche Brötchen backte, die niemand kaufen wollte, schüttelt alle Welt den Kopf (über den Bäcker). Wenn – im durchaus vorkommenden Einzelfall – jemand arbeitslos wird, weil er sich eine in seiner eigenen Vorstellungswelt liegende besondere Berufserfahrung zusammengestellt hat, die kein Unternehmen „kaufen" will, wird so oft von „Mängeln des Systems" gesprochen. Warum eigentlich? Wir predigen hier nicht die totale Anpassung, aber ein. wenig Marktforschung in eigener Sache ist im Leben stets empfehlenswert. Wir empfehlen sogar, vor jeder Unterschrift unter einen Arbeitsvertrag zu prüfen, wie der Werdegang aussehen wird, wenn man sich „danach" (also etwa in drei, fünf oder sieben Jahren) wieder einmal bewerben sollte oder müßte.

Wir wollen versuchen, Ihnen nachträglich die wesentlichen Regeln zu erläutern, die Ihren Fall betreffen. Damit die Aussagen prägnanter werden, sagen wir hier schon einmal pauschal vorab, daß es stets Ausnahmen gibt, daß es auf den Einzelfall ankommt und daß manche Beispiele immer wieder unter Beweis stellen, daß es manchmal durchaus möglich ist, trotz klarer „Regelverstöße" sein individuelles berufliches Glück zu finden.

a) Einkommen ab einer bestimmten Ebene sind generell nur in Führungspositionen erreichbar. Wer also hierarchisch oder gehaltlich „nach oben" will, muß Personalverantwortung anstreben.

b) Personalverantwortung einfacher Art (z. B. als Gruppenleiter o. ä.) wird zumeist erst übertragen, wenn man ca. fünf Jahre (mit breiten Schwankungen) in einem festen Sachgebiet überzeugende Leistungen erbracht hat.

40

c) Mit der Übernahme entsprechender Führungsaufgaben soll man – so Ehrgeiz vorhanden ist – so früh wie möglich anfangen (korrekter: mit den Bemühungen, sich in dieser Richtung zu qualifizieren).

d) Sehr vereinfacht gesagt: Wenn man also nach c) früh anfangen soll, gemäß b) aber erst nach ca. fünf Jahren in einem Sachgebiet eine Chance bekommt, muß man frühzeitig versuchen, einen klaren beruflichen Schwerpunkt im Werdegang erkennbar werden zu lassen. Dem jungen Ingenieur ist vielleicht zu raten, nach dem Studium eine etwa zweijährige betriebliche Orientierungsphase anzustreben, in der er die Entscheidung trifft, was fachlich später sein Spezialthema werden soll. Spätestens danach aber wird es Zeit für die ersten fünf Jahre nach b) . . .

e) Als Konsequenz aus dem bisher Gesagten: Mit 40 ist es schon fast zu spät für den Einstieg in Führungsaufgaben. Als zusätzliches Indiz ein „Vorurteil" der Wirtschaft in Ihrem Fall: Ein Mann mit klarer Managementbegabung wird nicht „zwischendurch" Berufsschullehrer.

f) Auch im reinen Sachverantwortungsbereich ist eine klare Schwerpunktausrichtung der Berufserfahrung begehrt und gefordert. Der Universalist ist bis hinein in mittlere Führungspositionen kaum gefragt, Spezialisten werden bevorzugt. Spezialist darf nicht „einseitig" heißen. Zusatzkenntnisse und -erfahrungen aus tangierten Bereichen sind häufig sogar erforderlich. Denken Sie an EDV-Erfahrungen für den AV-Spezialisten. Hier ist es aber weder erforderlich noch wünschenswert, nach drei Jahren AV zwei Jahre nur Programmierer zu sein – am Ende ist man gar nichts mehr so richtig. Dem AV-Mitarbeiter, dem EDV-Praxis fehlt, wäre allenfalls zu raten, sich als AV-Spezialist in ein Unternehmen hinein zu verändern, das umfangreiche EDV-Programme in der Arbeitsvorbereitung „fährt" oder einführt. Dort könnte er die so begehrten Zusatzkenntnisse erwerben, ohne seine berufliche „Stammqualifikation" zu gefährden.

Gestatten Sie uns noch ein offenes Wort gerade zu Ihrer Situation: Manager erkennt man u. a. an ihrer Fähigkeit zu planvollem Vorgehen. Planen heißt, vor dem Handeln systematische

Überlegungen anstellen. Ihr Weg sollte Ihnen bei selbstkritischer Würdigung zeigen, daß Ihnen hier ein wesentliches, unverzichtbares Kriterium einer erfolgreichen Führungskraft fehlt. Bauen Sie diese Erkenntnis in Ihre weiteren Überlegungen ein. Das hat weder etwas mit Ihren fachlichen noch mit Ihren menschlichen Qualitäten zu tun. Weiteres Streben nach der klaren sachlichen Linie empfehlen wir Ihnen dennoch – sonst gefährden Sie auch Ihre Laufbahn in Sach- oder Projektverantwortung.

Frage: Ich bin Dipl.-Ing. (TU) mit zehnjähriger Praxis in einem Großbetrieb und strebe einen Stellenwechsel an. Diese Gelegenheit möchte ich nutzen, für etwa ein Jahr Urlaub zu machen (Reisen). Danach würde ich mir eine neue Stelle suchen. Glauben Sie, daß mir diese Unterbrechung später auf dem Arbeitsmarkt negativ ausgelegt wird?

Antwort: Ja, damit müssen Sie rechnen. Die Begründung ist vielschichtig. Wir wollen versuchen, die wichtigsten Argumente (oder Vorurteile) deutlich zu machen:

a) Wenn Sie sich nach der Reise bewerben, sind Sie arbeitslos. Bewerbungen aus dieser Situation heraus sind immer schwieriger.

b) Sie hätten Ihre „Drucksituation" auch noch selbst verschuldet (klingt nach „mangelndem Verantwortungsbewußtsein").

c) Sie würden Privates über Berufliches stellen – eine Frage der Priorität im Leben.

d) Denken Sie an Neidgefühle späterer Bewerbungsempfänger („Das hätte ich auch gern getan, aber aus Pflichtgefühl unterlassen").

e) Wer einmal unkonventionell handelt, könnte dies auch später wieder tun. Wer garantiert, daß Ihr Reisewunsch in Zukunft nicht häufiger auftritt – Sie könnten zum Risikofaktor werden.

Soweit werden unsere bisherigen treuen Leser nichts anderes erwartet haben. Nun aber raten wir Ihnen einmal etwas durchaus Unkonventionelles: Wenn es Ihnen sehr viel bedeutet und unsere Aufzählung Sie immer noch nicht schreckt: Tun Sie es dennoch! Niemand weiß besser als wir, wie wenig Chancen zur Selbstverwirklichung das Berufsleben letztlich bietet, vielleicht trauern Sie ein Leben lang dieser einen Chance nach.

Nur Ihnen persönlich gilt dieser Rat. Sie nämlich bringen zwei Kriterien mit, die uns diese Ausnahme erlauben: Sie fragen erst und handeln dann – und (wichtig für alle Nachahmer) Sie beweisen mit Ihren 10 Jahren Betriebszugehörigkeit hinreichend Solidität. Versuchen Sie, schon jetzt Kontakte mit Firmen anzuknüpfen, auf die Sie später zurückgreifen können (einen echten Vertrag so weit im voraus gibt Ihnen kaum jemand). Wenn Sie dann auch noch so realistisch sind, die neue Aufgabe zunächst einmal weder gehaltlich noch hierarchisch als „Schritt nach oben" anzusiedeln, haben Sie hinreichend Vorsorge getroffen. Schicken Sie uns eine Ansichtskarte?

Frage: Ich bin Dipl.-Ing. (TH), 28, mit zwei Jahren Berufspraxis in einem Engineering-Konzern. Wegen mangelnder Entwicklungsmöglichkeiten bzw. wegen eines angefangenen Zusatz-Fernstudiums habe ich vor 10 Monaten gekündigt. Inzwischen habe ich etliche Bewerbungen abgesandt, die zu keinem Erfolg führten. Nun erhalte ich eine Offerte von einer internationalen (UN-)Organisation, die auf einen befristeten Zweijahresvertrag hinausläuft, ich hätte aber auch noch eine Alternative in einem deutschen Konzern. Wie würde wohl später von Unternehmen eine Tätigkeit als „Associate Expert" beurteilt? Was halten Sie von der Überlegung, als Arbeitsloser die Zeit der Rezession in der Bundesrepublik mit einer Auslandstätigkeit zu überbrücken?

Antwort: Es ist eigentlich kaum zu glauben – und viele glauben es tatsächlich nicht. Diesen „Ausbruch" müssen wir erklären, Ihre Zuschrift ist nur Anlaß, nicht Ursache dafür. Wir bekommen, dies tun wir nicht ohne Stolz kund, recht viele positive und manchmal auch begeisterte Zuschriften. Z. T. ersehen wir daraus, daß die Serie selbst im Ausland dazu dient, Einblicke in deutsches (Karriere-)Denken zu gewinnen. Vorläufig können wir gar nicht alle diese Briefe beantworten, daher an dieser Stelle schon einmal unseren Dank den Absendern.

Wir bekommen aber auch Meinungsäußerungen von betrieblichen Entscheidungsträgern („Fachvorgesetzten", nicht Personalchefs, letztere haben keine Illusionen mehr), die uns ganz einfach raten, „sich bessere Fragen auszudenken". Denn es sei „unglaubwürdig", daß erwachsene, akademisch vorgebildete Menschen solche Fragen stellen könnten, so wenig Einblick in die Zusammenhänge des Arbeitslebens hätten, so leichtsinnig mit ihrer „Laufbahn" umgingen. Zur Klarstellung gegenüber diesen Lesern: Auch diese Zuschrift ist authentisch.

Nun aber zum speziellen Anliegen: Kern Ihrer Frage ist die „Arbeitslosigkeit in der Bundesrepublik" und die Möglichkeiten zu ihrer Überbrückung. Das ist ein „heißes Thema", das wir entsprechend vorsichtig angehen wollen. Dennoch gibt es Dinge, die gesagt sein müssen. Wir haben weder die Absicht noch das Recht, Ihnen Vorwürfe zu machen, Sie sind und bleiben Herr Ihrer eigenen Entschlüsse. Da Sie uns aber nun gefragt haben, wollen wir in gewohnter Offenheit auch eine Antwort versuchen.

Damit wir nicht mißverstanden werden: Es gibt derzeit eine große Zahl von Arbeitslosen. Viele davon haben ohne eigene Schuld wirklich schwere Belastungen zu tragen. Aber deren Anteil liegt, da sind sich die Fachleute in der Wirtschaft einig, keineswegs bei 100 Prozent.

Personalchefs und -berater berichten sehr häufig von Lebensläufen und Werdegängen, die „hausgemachte" Arbeitslosigkeit verraten. Gemeint sind – im Sinne der vielzitierten „Spielregeln" – so eklatante Regelverstöße, daß die Betroffenen sich eigentlich nicht wundern dürfen, wenn ihre Bewerbung trotz hohen Bedarfs an Ingenieuren unberücksichtigt bleibt. Diesen Bedarf gibt es tatsächlich (wieder). Unternehmen berichten von zwei- oder auch dreimaligen Anzeigenwiederholungen, die erforderlich sind, bevor manche Position besetzt werden kann. Sie berichten aber auch von den immer wieder vorgelegten Bewerbungen, die sie „nicht im Traum" berücksichtigen werden. Daraus läßt sich im übrigen eindeutig der Schluß ziehen, daß für einen nennenswerten Prozentsatz der Betroffenen keine Abhilfe durch konjunkturelle oder ähnliche Maßnahmen zu erwarten ist.

Wirtschaftliche Krisensituationen wie z. B. diejenigen von 1982/83 führen sehr häufig zu einem besonderen Verhalten der Unternehmen auf dem Arbeitsmarkt. Als möglicher Betroffener sollte man die Zusammenhänge kennen.

In Zeiten einer langandauernden Hochkonjunktur ist Personal knapp, auf dem „Höhepunkt" gibt es kaum noch qualifizierte Bewerber. Da die Geschäfte der Firmen gut laufen, man nahezu alles verkaufen könnte, so man es nur hätte, wird „Personal" schnell der große Engpaß. Letztlich stellt man ein, wen man überhaupt bekommen kann – und stellt andererseits die natürlich auch dann vorhandenen Bedenken gegen manche Bewerber dem Zwang zu Erfolgen gehorchend zurück. In der nächsten Krise folgen personelle Einschränkungen, Abbaumaßnahmen u. ä. m. Gehaltserhöhungen bleiben aus, die Zukunft für Unternehmen und Mitarbeiter wird trübe. Die wirklich guten Leute gehen dann zuerst – auf sie wartet immer irgendwo eine Chance. Die Abteilungen der Unternehmen spüren unter dem Druck der Krise die Nachteile nicht optimaler personeller Ausstattungen deutlich – und schwören, „nie wieder" Kompromisse bei der Einstellung von Bewerbern zu machen. Dieser Schwur wird dann auch in der wieder anlaufenden Konjunktur mehrere Jahre gehalten. Erst wenn der Aufschwung über diesen Zeitraum hinaus anhält, geraten unter dem Druck der Anforderungen der Produktmärkte die erwähnten Grundsätze ins Wanken. Natürlich gibt es noch andere Einflußgrößen. Die hier erwähnten Aspekte führen jedoch dazu, daß z. Z. trotz sehr vieler Anzeigen sehr viele Menschen arbeitslos bleiben.

Übrigens wird immer wieder auf Fälle hingewiesen, in denen eklatantes, im Werdegang erkennbares Fehlverhalten auf der einen Seite einhergeht mit überzogenen Forderungen auf der anderen. Das alles liegt natürlich im Entscheidungsbereich der Bewerber selbst, hier soll nicht geurteilt werden. Nur vom

„Wundern" über die Resultate entsprechenden Handelns möchten wir denn doch abraten. Wer einen Werdegang anbietet, der geradezu nach Problemen „riecht", wird kaum Spitzenpositionen seiner Ebene erringen können.

Unsere mehr als 60 Fragen und Antworten bis hierhin geben zahlreiche Hinweise, welche „Fehler" in dem besprochenen Sinn man machen kann. Auch aus Ihren Schilderungen geht einer hervor. Sie haben eine Stelle aufgegeben, weil sie Ihnen nicht genug Entwicklungsmöglichkeiten zu bieten schien. Eine andere Position hatten Sie nicht in Aussicht. Wie gut Planungen waren, sieht man später an den Ergebnissen. Finden Sie es denn nun wirklich besser, arbeitslos zu sein, statt in einem namhaften Konzern „nur" ungenügenden Entwicklungsmöglichkeiten gegenüberzustehen?

Sie müssen diese Frage selbst beantworten. Die Antwort der Unternehmen kennen Sie inzwischen. Acht Monate lang hat trotz großen Interesses an jungen Dipl.-Ingenieuren mit erster Berufspraxis niemand gerade einen Mann mit dieser „Denkungsart" einstellen wollen. Die — einmal unterstellte — fachliche Qualifikation allein reicht auf akademischer Ebene nicht aus.

Soweit es Ihre Alternativen betrifft: Gerade Ihnen können wir nicht raten, irgend etwas „Exotisches" zu unternehmen. Sie haben jetzt schon einen „Haken" in Ihrem noch „jungen" Werdegang, lassen Sie es damit genug sein. Was Sie brauchen, ist eine solide Position in einem namhaften Unternehmen, in dem Sie sich einfach einmal für mindestens drei Jahre „bewähren" müssen. Das soll kein Reizwort sein, es ist einfach Fachjargon (wie z. B. „Prokura nach Bewährung").

Ein letztes Wort zum Fernstudium: Normalerweise ist es so konzipiert, daß es neben der normalen Berufstätigkeit absolviert werden kann. Als Begründung für das Aufgeben eines bestehenden Arbeitsverhältnisses reicht es eigentlich nicht. Wenn Sie Ihre Berufstätigkeit hätten vorübergehend aufgeben wollen, wäre Ihnen ja ggf. auch ein „konventionelles" Studium möglich gewesen (daß dies in Ihrer Situation nun wieder andere Probleme mit sich gebracht hätte, haben wir schon behandelt.

Frage: Ich stelle fest, daß sich in dieser Rubrik die Fragen zu „Bewerbung und Stellenwechsel" häufen, während der mindestens genauso wichtigen Aus- und Weiterbildung des Ingenieurs weniger Interesse entgegengebracht wird. Ich bin FH-Dipl.-Ing. mit Aufbaustudium zum Wirtschaftsingenieur, inzwischen habe ich 1,5 Jahre Praxis. Bereits während des Studiums hatte ich ein gewisses Unbehagen im Hinblick auf unterschiedliche Karrieremöglichkeiten von FH- und TU-Ingenieuren verspürt und daher schon mein Aufbaustudium angehängt – als Alternative zum Universitätsstudium. Nun ist mir als Direktionsassistent der hundertprozentige Einstieg in eine „TU-Karriere" gelungen. Läßt sich dies bei einem Stellenwechsel auf die neue Firma übertragen oder muß man damit rechnen, doch immer nur als „doppelter FH-Ingenieur" betrachtet zu werden? Vielleicht helfen Frage und Antwort FH-Lesern mit beruflichen Minderwertigkeitskomplexen.

Antwort: Minderwertigkeitskomplexe sind hier nicht angebracht – und doch vorhanden, zahlreiche Zuschriften beweisen das. Wir haben zwar zum FH-TH-Komplex schon Stellung genommen, „ausgereizt" ist diese Problematik aber wohl noch nicht.

Zunächst einmal zur Klarstellung: Der FH-Ingenieur verfügt über einen selbständigen, in der Wirtschaft absolut anerkannten Ausbildungsabschluß. Auf dieser Basis ist der Einstieg in Mangementlaufbahnen absolut möglich, Karrieren bis in Geschäftsführer/Vorstandspositionen stellen dies eindrucksvoll unter Beweis. Sicher wird der Schwerpunkt von FH-Laufbahnen etwas stärker im Bereich „mittleres Management" liegen – was den begabten, leistungsstarken und mit Führungseigenschaften ausgestatteten einzelnen nicht interessieren muß, er findet seinen Weg auch an „Durchschnittslaufbahnen" vorbei nach oben. Von der Tradition (über den „alten" Ing. grad.) her sieht die Wirtschaft eine FH-Ausbildung etwas mehr praxisorientiert. Die erwähnten graduierten Ingenieure hatten überwiegend vor dem Studium eine Lehre absolviert, die diesen Praxisbezug unterstrich und die entsprechende Einstufung geprägt hat.

Solange nun der eher praktisch orientierte, schwerpunktmäßig an verantwortlichen betrieblichen Aufgabenstellungen interessierte und insgesamt auf mittlere Karriereerwartungen konzentrierte junge Mensch sein FH-Studium absolviert, ist alles in schönster Ordnung. Für „Minderwertigkeitskomplexe" irgendwelcher Art ist da absolut keine Basis.

Schwierig wird die Situation erst, wenn man die eine Art des Studiums wählt – und ständig nach den vermeintlich besseren Chancen der anderen Richtung schielt. Die sich daraus ergebenden Probleme liegen dann nicht in den Studiengängen, sondern allein in der Persönlichkeit der Betroffenen begründet.

Natürlich sind TH- und FH-Studium nicht „gleich" – sonst käme man ja mit einer dieser Möglichkeiten aus. Die Wirtschaft braucht beide Richtungen; in Stellenanzeigen sieht man häufig klare entsprechende Forderungen. Manchmal steht aber auch „TH-/FH-Ingenieur gesucht", das zeigt die Überschneidungen beider Ausbildungen.

Das TH-Studium ist von vornherein anders aufgebaut, dauert länger, vermittelt mehr Grundlagen und gilt, vereinfacht ausgedrückt, als noch stärker „wissenschaftlich/theoretisch" ausgerichtet. Es ist z. B. dann angebracht, wenn eindeutig Aufgaben in Forschung und Entwicklung angestrebt werden, wenn der Werdegang ganz zweifelsfrei auch allerhöchste Karrierestufen umfassen soll, wenn Interesse an dieser speziellen Studienausrichtung besteht – und die entsprechende Begabung mitgebracht wird.

Erfreulicherweise gibt es zwar gewollte „Durchlässigkeiten" zwischen beiden Richtungen, aber die TH-Ausbildung ist generell kein Aufbaustudium bzw. keine Weiterbildung für FH-Absolventen.

Alle „Aufsteiger" (so ganz paßt der Begriff hier zwar nicht, aber die Betroffenen selbst sehen sich so) machen den Fehler, mögliche weitere Entwicklungen immer nur vom derzeitigen eigenen Standpunkt aus zu sehen. Der FH-Absolvent mag so davon träumen, nun doch noch zusätzlich „TH-Mann" zu werden – er sieht

48

häufig darin einen Vorteil. Dies kann aus der Sicht seines heutigen Status vielleicht sogar stimmen, aber die Blickrichtung ist falsch.

„Später", also nach dem evtl. TH-Abschluß, ist dieser Ingenieur „nur" noch TH-Mann, nur die anderen TH-Absolventen sind seine Vergleichsbasis. Auch er wird dann allein diese Maßstäbe anlegen – und selbst nach ihnen beurteilt werden. In dieser Gruppe jedoch steht er – vielleicht – gar nicht so günstig da im allgemeinen Vergleich. Zunächst ist er älter, fängt später an mit dem Berufsleben. Häufig, das lehrt die Erfahrung, schafft er sich auch selbst durch eine überspitzte Erwartungshaltung Probleme. Das zweite Studium muß sich ja nun „lohnen" – finanziell und von den Aufgaben her. Während z. B. ein „normaler" TH-Absolvent häufig nichts dabei findet, sich auf eine Anzeige zu bewerben, in der „TH/FH" gesucht wird – wenn das Unternehmen attraktiv und die Entwicklungschancen gut sind – ist der „Aufsteiger" meist mehr bemüht, nun auch wirklich dort einzusteigen, wo die „zusätzliche Quälerei" auch eindeutig lohnt.

Dieser zusätzliche Aufwand an Zeit und Energie sollte wirklich bedacht werden. Weniger unter dem Aspekt, sorgfältig zu überlegen, ob dieser Aufwand sich „auszahlt" (was häufig bezweifelt werden muß), sondern aus praktischen Überlegungen. Der FH-Absolvent, der glaubt, seine spezielle Karriereambitionen nur als TH-Mann realisieren zu können, müßte ja erhebliche Energien einsetzen, um den TH-Abschluß zusätzlich zu erwerben. Auch mit TH-Examen macht man ja in keiner Weise „automatisch" Karriere, sondern auch dann muß in dieses Ziel wiederum erhebliche Energie investiert werden. Für den Fachhochschulabsolventen dieses Beispiels ist also „doppelter" Einsatz erforderlich. Steckt er diesen ganzen Aufwand gleich in die berufliche Praxis statt erst einmal ins zweite Studium, würde er sicher mindestens ebensoviel erreichen, dabei insgesamt vermutlich mehr Geld verdienen und das geringere Risiko tragen (wer garantiert für Arbeitsmarktchancen in 4 Jahren – die heutigen kennt man immerhin).

Resümee: Beide Studienrichtungen sind verschieden. Jeder sollte vorher entscheiden, was besser zu ihm, seinen Begabungen und Ambitionen paßt und diesen Weg konsequent durchziehen. Das TH-Studium ist anders, „besser" wäre der falsche Ausdruck. Wehe dem „mühsam" zum TH-Mann gewordenen Ingenieur, der vom Persönlichkeitstyp her dann gar nicht zum „Vollakademiker"-Status paßt und auf der Strecke bleibt. Uns überzeugen nur zwei Argumente für ein solches zweites Studium wirklich:

a) Ich gebe zu, daß mir allein schon das Gefühl etwas bedeuten würde, eine „richtige" Universität besucht zu haben (Vergleich mit Freunden, Verwandten usw.). Das ist dann eine menschliche Schwäche – aber wer ist davon völlig frei?

b) Ich strebe eine Laufbahn an, für die eine TH-Ausbildung rein fachlich entscheidend besser oder unumgänglich ist (F+E, manche Bereiche des Staatsdienstes).

Und bitte glauben Sie nie, mit TH-Abschluß sei Karriere leichter zu erreichen. Fragen Sie einmal die zahlreichen Absolventen dieser Richtung, die in unteren und mittleren Positionen „stekkengeblieben" sind, warum sie denn nun die „einmaligen Chancen" ihrer Ausbildung nicht besser genutzt haben.

Da es hier ausschließlich um das zweite Studium, nicht um die generelle Studienentscheidung geht, sei noch folgender Hinweis erlaubt: Wer zu Minderwertigkeitskomplexen neigt, wird ohnehin allergrößte Schwierigkeiten mit seiner Karriere bekommen.

Zum konkreten Rest Ihrer Frage: Ja, Sie bleiben immer „nur" ein doppelter FH-Ingenieur. Versuchen Sie, damit zu leben.

Wenn Sie einmal eine besonders interessante Position erreicht haben, ist es bei Bewerbungen möglich, diesen Erfolg „mitzunehmen". Versuchen Sie, die Fixierung auf die TH-Leute zu überwinden – in ein paar Jahren zählt nur noch Ihre Persönlichkeit. Oder anders ausgedrückt: Ihr Problem ist es nicht, „nur" FH-Absolvent zu sein – sondern darin eine Einschränkung zu sehen. Das hört sich nur so banal an, bedenken Sie aber: Stets werden Sie im Leben auf Leute treffen, die mehr Geld haben, intelligenter sind, eindrucksvoller aussehen, für berufliche Anforderungen begabter sind, den verständnisvolleren Ehepartner haben usw. Oder, um näher beim Thema zu bleiben, Sie treffen als TH-Mann auf eine Position, für die „man eigentlich" promoviert haben müßte. Und dann geht das ganze Theater von vorne los.

Frage: Mir wurde die Position des technischen Geschäftsführers des kleineren Unternehmens angeboten, bei dem ich heute beschäftigt bin. Allerdings steht unser Haus vor sehr großen finanziellen und personellen Problemen, die zu größten Bedenken Anlaß geben. Wenn ich nun die Geschäftsführer-Aufgabe übernehme und wir gehen z. B. nach sechs Monaten in Konkurs, wie sehen dann meine weiteren Karrierechancen aus?

Antwort: Die aus Ihrer Frage sprechende Vorsicht ist berechtigt. Die gesamte Problematik ist recht komplex, wir wollen versuchen, alle wesentlichen Aspekte deutlich zu machen.

Von im Detail durchaus einmal möglichen Ausnahmen abgesehen, ist es zentrale Aufgabe eines jeden Geschäftsführers, die langfristige Gewinnoptimierung „seines" Unternehmens sicherzustellen. Etwa erzielte Verluste, verlorengegangene Marktanteile, Kostenexplosionen, fehlentwickelte Produkte o. ä. sind die für ihn denkbaren Niederlagen. Ein Konkurs jedoch wäre die größte aller möglichen Katastrophen im beruflichen Bereich. So wird z. B. ein Sachbearbeiter, der „wegen Konkurses" wechselt, volles Verständnis der neuen Arbeitgeber finden, auch ein technischer Hauptabteilungsleiter wird bei halbswegs geschickter Argumentation im schriftlichen und vor allem im mündlichen Bereich der Bewerbung noch „unbelastet" aus einem Konkursfall herauskommen. Bei einem Geschäftsführer ist dies nicht mehr so einfach. Er gilt im Zusammenhang mit den hier angesprochenen Fragen nicht mehr als „Angestellter" des Unternehmens, er ist je nach Rechtsform bereits „Organ" der Gesellschaft, mitverantwortlich für Unternehmenspolitik einschließlich der Ausführungsdetails in Finanz- und Personalfragen. „Wer höher steigt, kann tiefer fallen" – wußten schon unsere Altvorderen.

Sie müßten sich also im „Falle eines Falles" zunächst einmal als „belastet" betrachten. Von Ihnen müßte dann praktisch der Beweis geführt werden, daß gerade Sie in diesem Ausnahmefall aus diesen und jenen Gründen kein Vorwurf . . . Sie wissen, wie viele Zweifel da bleiben werden.

Nun sprechen Sie in Ihrer Frage von einem – angenommenen – Zeitpunkt von sechs Monaten zwischen Aufnahme der GF-Tätigkeit und Konkurs. Aus dieser kurzen Dauer könnte man natürlich ein durchaus akzeptables Entlastungsargument konstruieren („. . . da wirkten sich Fehler aus der Vergangenheit aus, die ich nicht mehr korrigieren konnte . . ."), Sie würden jedoch damit lediglich ein Loch stopfen, indem Sie an anderer Stelle eines aufreißen.

Ein Geschäftsführer muß zwingend durch analytische und planende Fähigkeiten überzeugen, er muß Situationen vorausschauend beurteilen und Tendenzen richtig einschätzen können. Und er muß natürlich besondere Sorgfalt walten lassen, bevor er wichtige Verträge unterschreibt, sich jeweils vorher umfassend informieren usw. Sie ahnen sicher hier bereits, daß die „sechs Monate" Ihnen auch nicht helfen würden.

Selbstverständlich muß ein Geschäftsführer auch mit „kalkulierten Risiken" arbeiten, mit Streben nach absoluter Sicherheit ist diese Position nicht auszufüllen. Häufig wird durchaus „ein Schuß Risikofreudigkeit" gefordert – nur, gutgehen muß es halt, das jeweilige Vorhaben. Oder, anders ausgedrückt, gesucht sind diejenigen Manager, die vernünftige Risiken eingehen und gewinnen (mit Betonung auf letzterem). Seit dem „Offiziere ohne Fortüne kann ich nicht gebrauchen" des Alten Fritz hat sich im Prinzip nichts geändert. Wenn Sie so wollen, enthält das Geschäftsführergehalt stets auch einen nicht unbeträchtlichen Anteil an Risikoprämie.

Bliebe für Sie der theoretisch denkbare „Ausweg", nach dem möglichen Konkursfalle eben nicht wieder eine Geschäftsführerposition anzustreben, sondern sich unterhalb dieser Ebene zu orientieren. Dem aber steht das in fast allen Lebensbereichen gültige „Fortschritts-Prinzip" gegenüber. Was immer Sie neu anfangen im Leben, es sollte möglichst ein Fortschritt sein gegenüber der „alten" Lösung. Ist es das nicht, müssen Sie mit negativen Reaktionen Ihrer Umwelt rechnen, ganz besonders gilt dies bei klaren „Rückschritten".

Selbst Kegelklub-Freunde tuscheln über Ihre „finanziellen Schwierigkeiten", wenn Ihr neuer Wagen einer geringeren Prestigeklasse angehört als der alte. Im beruflichen Bereich gelten ähnliche ungeschriebene Regeln.

Viele Probleme wären leichter lösbar, wenn Rückschritte problemlos und entsprechende Reduzierungen von Hierarchie- oder Einkommensebenen erlaubt wären. Natürlich gibt es auch hier immer mal wieder eine Ausnahme, die aber nichts am Prinzip ändert.

Schon ein Abteilungsleiter macht sich „verdächtig", wenn er sich auf eine Gruppenleiterposition bewirbt. Ganz besonders gilt dies für die Spitzenfunktion eines Geschäftsführers. Wer sich einmal für diesen Weg entschieden hat, ist „zum Erfolg verdammt", könnte man überspitzt formulieren.

Gerade bei Geschäftsführern übrigens überspielt dieses Prinzip sogar die Firmengröße. Auch die Abteilungsleiterfunktion im größeren Unternehmen ist kaum noch erreichbar, wenn man im kleineren Hause einmal die Top-Position innehatte. Neben reinen Sachargumenten sprechen für dieses Prinzip ganz besonders auch psychologische Momente. Man unterstellt, der ehemalige GF „strebe ja doch nach Höherem" und bewerbe sich jetzt nur wieder auf „untere" Positionen, weil er im Augenblick in Schwierigkeiten sei, werde aber sich in Kürze doch wieder versuchen . . .

Als Versuch einer Zusammenfassung: Gerade für GF-Positionen gilt das Erfolgs-Prinzip. Bester Schutz vor den möglichen Konsequenzen: Sehr genau abwägen, ob Risiko und Chancen einer angebotenen Position in einem ausgewogenen Verhältnis zueinander stehen. **Einer der ganz wichtigen Karrieregrundsätze ist es übrigens, Beförderungen der eigenen Person über einen gewissen Punkt hinaus nicht zuzulassen.** Wo dieser „Punkt" bei Ihnen liegt, müssen Sie selbst entscheiden. Was wir zeigen wollten, war, wie „dünn die Luft ganz oben" ist. Das soll engagierte, durchtrainierte Bergsteiger nicht abschrecken, kann aber vielleicht manchen „Halbschuh-Touristen" zum Nachdenken anregen.

Frage: Welchen beruflichen Weg sollte ein Jungingenieur (23 J., Maschinenbau, FH) wählen, um später die Position eines Vertriebsingenieurs einnehmen zu können. Wie beurteilen Sie Möglichkeiten einer anschließenden Lehre, eines zusätzlichen Betriebwirtschaftsstudiums, einer Trainee-Tätigkeit o. ä.?

Antwort: Als Grundsatz: Rein in den Vertrieb, und das so früh wie möglich. Talent müssen Sie allerdings haben – vertriebsbegabt ist man, oder man wird es nie (natürlich ist ein unbegabter, speziell geschulter Mann immer noch besser als ein unbegabter, ungeschulter – aber gerade hier ist Begabung die wichtigste Voraussetzung für eine wirklich erfolgreiche Tätigkeit).

Praxis wiegt hier mehr als jede denkbare Zusatzausbildung. Ein betriebswirtschaftliches Zusatzstudium könnte durchaus nützlich sein, ist aber – wenn Sie nicht Marketing-Geschäftsführer werden wollen – nicht entscheidend.

Als fertiger Ingenieur „macht man" hinterher keine Lehre – wo kommen bloß solche Ideen her?

Trainee-Ausbildungen im Unternehmen sind für Sie eine gute Basis, wenn sie in Vertriebsaufgaben hineinführen. Und bitte erlauben Sie uns, gerade bei dieser Art der Fragestellung noch einmal auf die Begabung für Vertriebsaufgaben hinzuweisen.

Stellenanzeigen — die Bedeutung einzelner Formulierungen

Frage: Wenn ich so manche Stellenanzeige lese und das Anforderungsprofil durchgehe, könnte man meinen, die gesuchte Führungskraft hätte einen Chaoten-Klub zu führen. Stets wird „Durchsetzungsvermögen" gefordert — in der Literatur über modernes Management wird das Gegenteil gelehrt. Man liest dort, daß eine Führungskraft, die ihr Durchsetzungsvermögen ins Spiel bringen muß, nur nicht zur zielorientierten Motivation ihrer Mitarbeiter in der Lage war.

Antwort: Eines vorweg: Gäbe es eine ähnliche Rubrik für die Beratung von Unternehmen, so müßte darin sicher dringend eine Serie über die vernünftige Gestaltung von Stellenanzeigen veröffentlicht werden. Viel besser als manche Bewerbungen sind in der Tat auch manche Stellenanzeigen nicht. Vielleicht sieht hier auch mancher Verantwortliche einmal, was Leser (also potentielle Bewerber) nach dem Studium einer Stellenanzeige alles für Schlüsse ziehen und wie sie sein Unternehmen beurteilen.

Im Grunde berührt Ihre Kernfrage ein altes Thema, den Unterschied zwischen Theorie und Praxis. Ein boshafter Mensch könnte auch formulieren, man sei entweder Manager oder man schreibe Bücher darüber, das aber ginge dann doch zu weit. In jedem Fall verdeutlicht Ihre Frage, warum die Wirtschaft so ungern frischgebackene Hochschulabsolventen und so gern Ingenieure „mit drei Jahren Industriepraxis" einstellt. Weil man nämlich dann beginnt, beim Auftauchen derartiger Fragen zu lächeln — über die Bücher.

Damit wollen wir nun nicht jedem aus der Literatur kommenden „Fortschritt" das Wasser abgraben — es hat gerade zum Thema „Führung" hier in den letzten Jahren entscheidende Impulse gegeben.

Wir wollen aber doch auch eine konkrete Antwort versuchen: Angenommen, Sie als Führungskraft treten vor Ihre Mitarbeiter hin und beginnen mit Ihrer Motivationsrede — und kein Mensch hört Ihnen zu. Zwei sprechen gerade über ihr letztes Wochenende, einer sucht Zigaretten, andere verabreden sich für den Feierabend. Dann hatten Sie zwar den besten Willen – aber kein Durchsetzungsvermögen. Im anderen Fall hängen die Mitarbeiter mit ungeteilter Aufmerksamkeit an Ihren Lippen – und Ihre Motivation bekommt eine Chance.

Natürlich kann man alles auch als reine Definitionsfrage sehen. Und z. B. erklären, man müsse die Leute eben auch motivieren, einem zuzuhören. Nur – wenn Ihnen das einmal nicht gelungen ist, brauchen Sie ein zweites Mal gar nicht mehr anzutreten.

Wie wäre es überhaupt mit einem Kompromiß: Die Führungskraft muß eigene Entschlüsse oder den Willen ihrer Chefs nach unten durchsetzen – das dürfte unumstritten sein. Dazu kann sie sich durchaus (sollte sie heute sogar vorwiegend!) der Motivation bedienen. Wenn dies aber nicht funktioniert, dann muß sie noch Reserven haben, denn durchgesetzt muß werden! Man könnte also durchaus „Motivation" als eine Spielart von „Durchsetzung" ansehen, damit sind beides zumindest keine Gegensätze mehr. Eine streng wissenschaftliche Auseinandersetzung mit dem Thema ist dies nicht – mit Ihrem „Chaoten-Klub" wollten Sie so etwas aber auch wohl nicht initiieren, oder?

Frage: In Stellenanzeigen für Ingenieure werden häufig folgende Begriffe genannt. Gern hätte ich gewußt, was damit konkret gemeint ist. Woran kann man diese Eigenschaften o. ä. erkennen? Es geht um Kontaktfähigkeit, Durchsetzungsvermögen, charakterliche Integrität, Verhandlungsgeschick, starke Persönlichkeit, Loyalität, Initiative, Kreativität.

Antwort: „Stellenanzeigen" sind ein außerordentlich vielschichtiges Thema. Sie entstehen unter sehr verschiedenen Voraussetzungen, werden von unterschiedlich qualifizierten und engagierten, speziell dafür ausgebildeten oder lebenslang „Amateur" bleibenden Leuten geschrieben. Manche Formulierer gehen sehr überlegt, gewissenhaft – aber ohne Fachkenntnis an ihre Aufgabe, manche Inserate sind von Profis getextet, denen man nicht die richtigen Informationen gegeben hatte. Andere haben von Musteranzeigen einfach abgeschrieben, und dabei sind Begriffe übernommen worden, bei denen „man sich eigentlich gar nichts" gedacht hat. Fazit: Man sieht dem fertigen Inserat nicht an, ob es gezielt oder zufällig so entstand. Faustregel: Je größer die inserierende Firma, desto größer ist die Wahrscheinlichkeit, daß Mindestanforderungen erfüllt sind. Berater sollten ausnahmslos Fachleute sein, sind aber auf das Entgegenkommen ihrer – mehr oder minder verständnisvollen – Auftraggeber angewiesen. Man sollte also mit allzu eingehenden Interpretationen der Anzeigentexte vorsichtig sein.

Nun aber zu Ihrer Frage. Wir versuchen hier keine wissenschaftliche Definition, sondern erläutern, was im Durchschnitt gemeint ist:

Kontaktfähigkeit heißt, gut mit anderen, häufig fremden Menschen auszukommen, von denen man meist etwas will. Nicht geeignet sind schüchterne, zurückhaltende, introvertierte Menschen. Man sollte als Erwachsener schon in etwa wissen, ob man entsprechend begabt ist. Ein Indiz: Keine „Hemmungen", auch in Vorstellungsgesprächen, großer, ständig wachsender eigener Bekanntenkreis, Aufgeschlossenheit für fremde und anders veranlagte Menschen. Besonders gesucht ist dieses Kriterium im Verkaufsbereich – mit Sachargumenten allein ist auf die Dauer kein Geschäft zu machen.

Durchsetzungsvermögen wird meist bei Führungspositionen gesucht. Es bedeutet die Fähigkeit, mit aufkommenden Widerständen (die von Menschen ausgehen) fertig zu werden, anderen den eigenen Willen aufzuzwingen – alles in je nach Anforderung unterschiedlicher Ausführung. Mit Menschen, die starkes Durchsetzungsvermögen haben, ist häufig nicht „gut Kirschen essen", man „legt sich nicht gern an" mit ihnen. Aber: es ist eine begehrte Eigenschaft, ihr Träger erreicht seine Ziele mit und bei andern. Die einfachere Version: sich durchsetzen bei unterstellten Mitarbeitern (von denen drei Gehaltserhöhung und zwei Beförderung, vier sachlich das Gegenteil von Ihnen und mindestens zwei unbedingt Ihren Job wollen). Das kann, wenn die einem selbst gesetzten Ziele anspruchsvoll und die Mitarbeiter „schwierig" sind, schwer genug sein. Die „hohe Schule" aber ist das Durchsetzen in Bereichen, die nicht weisungsgebunden sind. Im übrigen wird diese Eigenschaft manchmal als reines „Füllwort" in Anzeigen benutzt („Was können wir sonst noch schreiben? Ach ja, Druchsetzungsvermögen muß er noch haben"), erkennbar zumeist daran, daß in einer reinen Aufzählung mehrere verschiedene Talente gefordert werden. Aufmerksamkeit ist geboten, wenn im Inserat ganz gezielt und erkennbar betont und beabsichtigt nach Durchsetzungsvermögen gefragt wird. Hier können echte Führungsprobleme auftreten, an denen sich evtl. zwei Bewerber vor Ihnen die „Zähne ausgebissen" haben – gut, wenn Sie das als besonders reizvolle Herausforderung empfinden können.

Charakterliche Integrität soll besondere Ansprüche an positive Eigenschaften allgemeiner Art bedeuten. Da das Gegenteil nie vorkommt und ein Mensch ohne dieses spezielle Kriterium nie eingestellt würde, können Sie das überlesen (im Vorstellungsgespräch nicht nachprüfbar).

Verhandlungsgeschick. Hier ist der Mann gefragt, der beim Neuwagenkauf 5% Rabatt erzielt, wenn andere nur 3 erreichen. Man weiß aus dem Privatleben, ob man es hat oder nicht. Die Fähigkeit wird nicht nur im Verkauf, sondern oft auch bei internen „verhandlungsintensiven" Positionen gefordert. Insgesamt ist dies mehr eine Absichtserklärung des Inserenten, die häufig auch nur „Füllwort" ist. Im Vorstellungsgespräch im Ansatz erkennbar. Vorsicht vor Übertreibungen, Seriosität ist stets gefragt. Das Arbeitszimmer eines deutschen Personalchefs ist kein orientalischer Basar!

Starke Persönlichkeit – man hat sie oder eben nicht. Gefragt ist dieser Aspekt zumeist erst in den Top-Etagen (Skeptiker meinen, man solle – so man habe – mit entsprechenden Kostproben warten, bis man „oben" ist). Hier ist die Rede davon, daß ein Geschäftsführer/Vorstand auch „etwas darstellen" soll, daß er erkennbare natürliche Autorität ausstrahlt; selbstverständlich gehört auch Durchsetzungsvermögen dazu. Eine solche Ausstrahlung ist im Gespräch für den erfahrenen Fachmann spürbar. Ein wenig formt auch die Aufgabe in dieser Hinsicht, lernen aber kann man das nicht. Sehen Sie sich am Fernsehschirm mehrere Politiker an und überlegen Sie, wer eine „starke Persönlichkeit" ist. Übrigens ist dieser Begriff wertneutral und keineswegs ein zwangsläufig positiv zu wertendes Kriterium – auch ein unbestritten bösartiger Mensch könnte eine „starke Persönlichkeit" sein.

Daß gerade heute Personalchefs und -berater vor allem unseren Jungakademikern vorwerfen, sie hätten überhaupt „zu wenig Persönlichkeit", ist schon wieder ein anderes Thema – auf das wir sicherlich noch zurückkommen werden.

Loyal ist ein Mensch, der auch in schwierigen Situationen Unternehmen und Chef die Stange hält. Kompliziert wird die Frage dadurch, daß die Interessen dieser beiden Parteien auch schon einmal auseinanderklaffen können. Sagen wir einmal so: Den moralischen Anspruch auf Loyalität hat Ihr Chef, den juristischen die Firma. Wehe dem Mitarbeiter, der hier in die Gefahr eines Konfliktes gerät. Manchmal wird Loyalität im Zeugnis ausdrücklich erwähnt. Im Gespräch direkt feststellbar ist diese Eigenschaft insofern, als negative Ausführungen über Chef und Firma, das Vorlegen vertraulicher Dokumente aus dem Hause des heutigen Arbeitgebers etc. mit Sicherheit zu einem negativen Urteil führen. Der sehr erfahrene Interviewer erkennt auch positive Ansatzpunkte – ohne allerdings einen letzten Beweis zu gewinnen.

Initiative ist heute eine der gefragtesten Eigenschaften. Sie sagt aus, daß ein Mensch im Rahmen grundsätzlicher Richtlinien auch von sich aus etwas (Sinnvolles) unternimmt. Chefs erkennen diese Eigenschaft bei Mitarbeitern leicht – mögen aber keine Initiativen der Menschen unter ihnen, die den eigenen Stuhl gefährden könnten. „Eigeninitiative" (ein scheußliches Anzeigenwort) ist also sorgfältig auf die Interessenlage des Vorgesetzten abzustimmen.

Initiative wird in Zeugnissen bescheinigt, sie ist auch recht deutlich im Gespräch erkennbar. Der Träger dieser Eigenschaft stellt (sachdienliche) Fragen, klärt für ihn wichtige Details, macht bei auftretenden Problemen konstruktive Vorschläge, trägt aktiv zum positiven Verhandlungsergebnis bei.

Kreativ sein heißt „Ideen haben". Gemeint sind hier solche im Zusammenhang mit der betrieblichen Aufgabe. Lösungen auch abseits eingefahrener Routine finden – so könnte man diese Eigenschaft im Sinne der Texter von Stellenanzeigen einprägsam beschreiben. Mit einem kreativen Menschen kann man nicht zusammenarbeiten, ohne diese Eigenschaft zu bemerken, sie wird in Zeugnissen häufig bescheinigt. Im Vorstellungsgespräch wird Kreativität erkennbar – spätestens bei der Schilderung von Problemen und gefundenen Lösungen.

Vorsicht bei Antworten auf Fragen dieser Art in Stellenanzeigen. Man schreibt nicht, man sei als Konstrukteur kreativ, man läßt Fakten (z. B. Patente) sprechen. Man stellt sich auch nicht als durchsetzungsfähig dar – man schildert einfach, daß man erst x, später x + y Mitarbeiter zu führen hatte (einen durchsetzungsschwachen Mitarbeiter hätte man nicht noch einmal befördert). Im Zweifelsfall, wenn keine Fakten greifbar sind, muß der gesamte Werdegang mit allen Zeugnissen ausreichen, um geforderte Eigenschaften unter Beweis zu stellen. Wer schreibt: „Ich bin eine Persönlichkeit", ist keine, jedenfalls nicht im Rahmen der (keineswegs wissenschaftlichen) Terminologie von Stellenanzeigen.

Bewerbungstechnik

Form und Aufbau, Sorgfalt, optimales „Verkaufen" auch bei Problemfällen

Frage: Ich habe bei Bewerbungen bisher immer den tabellarischen Werdegang so aufgebaut, wie es mir am aussagefähigsten erschien: zuerst die heutige Position, danach die davorliegende usw. Irgendwo habe ich gelesen, dies sei die „moderne" Form, was mir auch einleuchtet. Bei einem Vorstellungsgespräch riet mir ein Personalleiter, in Zukunft lieber die chronologische Form zu verwenden. Warum eigentlich und wozu raten Sie?

Antwort: Das hat mit der „deutschen Gründlichkeit" zu tun. Alle unsere amtlichen Formulare, ob Paß oder Finanzamt, beginnen mit der Geburt, dann „kämpft" man sich langsam weiter vorwärts, bis dann am Ende das eigentliche zentrale Thema erreicht ist. Ein wenig davon steckt in uns allen, wir haben ein solches Denkschema mehr oder weniger „automatisch" zur Hand, wenn entsprechende Vorgänge anliegen. Vermutlich können Sie auf der nächsten Polizeiwache nicht einmal den Diebstahl eines Fahrrades melden, ohne daß der Beamte sein Formular auszufüllen beginnt mit „Name, geboren wann, wo usw.".

Natürlich gibt es auch noch ganz gewichtige sachliche Gründe. Bei der Beurteilung eines Bewerbers verfolgt man gern den gesamten Weg des Kandidaten von der Schulbildung über diverse Ausbildungsstufen und die einzelnen beruflichen Positionen bis zum heutigen Status. Man beurteilt steigende oder fallende Tendenzen, Folgerichtigkeit von Positions- und Firmenwechseln, fachliche Weiterentwicklung, anwachsende Personalverantwortung usw. Dabei ist es ausgesprochen lästig, „von hinten her" aufgebaute Lebensläufe nach diesen Kriterien auszuwerten.

Die von Ihnen geschilderte Form, die man auch schon einmal die „amerikanische" nennt, entstammt den Gepflogenheiten eines anderen Landes mit anderen Traditionen und Gesetzen. Da es in Deutschland arbeitsrechtlich nur schwer möglich ist, einen einmal eingestellten Mitarbeiter wieder zu entlassen (aus Gründen der sozialen Verantwortung und des Firmenimages greifen deutsche Unternehmen selbst dann ungern zu diesem Schritt, wenn es möglich wäre), beurteilt man vor der Vertragsunterzeichnung eben nicht nur die heutige Position, sondern versucht, ein umfassendes Bild des „ganzen Menschen" zu gewinnen. Dies wird durch die chronologische Form erleichtert.

Frage: Von der Ausbildung her bin ich graduierter Ingenieur. Nun habe ich mich „nachdiplomieren" lassen. Soll ich die Urkunde meinen Bewerbungen beifügen?

Antwort: Niemals anstelle des Examenszeugnisses (Titel ersetzen Leistungsnoten nicht). Zumindest bei Bewerbungen in der freien Wirtschaft sollten Sie derzeit überhaupt etwas vorsichtiger damit umgehen. Noch wirkt bei vielen Entscheidungsträgern die Verärgerung über diese „Inflation" an „Auch-Diplom-Ingenieuren". In fünf oder zehn Jahren wird sich das eingespielt haben. Heben Sie die Urkunde so lange gut auf.

Der „alte" graduierte Ingenieur war ein hochgeachteter Beruf. Wenn Ihr späterer Vorgesetzter, der jetzt Ihre Bewerbung liest, „richtiger" Dipl.-Ingenieur ist (so bezeichnet man inzwischen TU/TH-Absolventen im Personalwesen-Jargon), wird ihn die nachträgliche Titelverleihung vielleicht nicht besonders ärgern — aber in keinem Fall zusätzlich positiv stimmen.

Frage: Eine Bewerbungsaktion kann ganz schön teuer werden, vor allem für mich als Arbeitslosen. Für die inserierenden Unternehmen kommt es doch auf kleinere Beträge gar nicht so an. Kann ich Bewerbungen mit „Porto zahlt Empfänger" versenden?

Antwort: Nein.

Frage: Ich beende demnächst meine Schulausbildung mit dem Abitur. Ich habe vor, ein Studium zum Ingenieur zu beginnen. Da ich mich aufgrund meiner bisherigen Informationen noch nicht darüber im Klaren bin, ob ich mein Studium an der Technischen Universität oder an der Fachhochschule absolviren soll, bitte ich um Entscheidungshilfe.

(Anmerkung des Bewerber-Service: Der letzte Satz wurde in der Original-Schreibweise mit den entsprechenden Fehlern abgedruckt.)

Antwort: Ihre Darstellung bestätigt schlimmste Befürchtungen, die Fachleute in der Wirtschaft seit langem hegen, wenn es um die Auswirkungen unseres modernen Schulsystems geht. Da ein Ingenieur gleich welcher speziellen Richtung stets auch mit Aufgaben betraut sein wird, die – je nach Karrierestufe mit unterschiedlicher Ausprägung – den verhältnismäßig korrekten Umgang mit der deutschen Sprache voraussetzen, können wir aus unserer Sicht eigentlich überhaupt nicht zu einem Studium raten, wenn derartige Mängel im Basiswissen vorliegen. Generell gilt, daß eine Technische Universität die wissenschaftlichen Grundlagen des Ingenieurwesens noch wesentlich stärker in der Ausbildung berücksichtigt als eine Fachhochschule. Aber es wäre eine Beleidigung für die letztgenannten Ausbildungsinstitutionen und ihre Absolventen, wenn bei einem derartigen Bildungsstand zum FH-Studium geraten würde. Auch wenn Sie an dieser Entwicklung nicht die Schuld tragen – die Konsequenzen wird Ihnen niemand abnehmen.

Frage: In einigen Anzeigen wird um einen „handschriftlichen" Lebenslauf gebeten. Sollte dieser mehr modern „tabellarisch" oder altmodisch „ausführlich" sein?

Antwort: Es gibt zwei Möglichkeiten: Entweder will das Unternehmen ein graphologisches Gutachten über Sie anfertigen lassen oder der Personalchef ist kein Graphologe, „macht sich aber gern ein zusätzliches Bild auch nach der allgemeinen Form der Handschrift". Beide suchen die Schrift als Beurteilungs-grundlage, die Aussagen im Text als solche sind für diesen Zweck nicht so wichtig.

In jedem Fall braucht man aber einen übersichtlichen Lebens-lauf, um einen lückenlosen Überblick über Ihren Werdegang zu bekommen. Damit ist Ihre Frage klar beantwortet.

Hintergrundinformation: Papier will gelesen sein. 200 Bewerbun-gen sind möglich. Können Sie sich die Verfassung des Men-schen vorstellen, der im Extremfall 200mal ausführlich gelesen hat: „Am . . . wurde ich, Sohn des . . . in . . . bei leichtem Sonnen-schein geboren . . .", um dann vielleicht unten auf Seite 2 zu er-kennen, daß der Bewerber völlig „artfremd" tätig und damit völlig uninteressant ist.

Zusatztip: Handschriften sind unterschiedlich lesbar. Geben Sie – wenn verlangt – den handschriftlichen (tabellarischen) Lebens-lauf, fügen Sie aber den wortgleichen Text noch einmal maschi-nengeschrieben bei. So bieten Sie auch dem nicht an Schrift-deutung interessierten Leser einen Service.

Wir schildern diese Zusammenhänge so ausführlich, um immer wieder zu unterstreichen: Es gibt keine „Geheimwissenschaft" in Sachen Karriere/Bewerbung. Alle „Regeln" sind begründet und logisch nachvollziehbar.

Frage: Ich erhielt nach einem zweiten Vorstellungsgespräch von einem Unternehmen eine mündliche Zusage, lediglich die Zustimmung des Betriebsrates stand noch aus. Daraufhin sagte ich allen Firmen ab, mit denen ich zusätzlich noch in Verhand-lungen stand. Eine Woche später nahm das erwähnte Unter-nehmen die Zusage zurück. Kann ich mit entsprechenden Be-gründungen meine anderen Absagen zurückziehen? Wie wer-den diese Firmen reagieren?

Antwort: Leider kommen Rücknahmen mündlicher Zusagen auf beiden Seiten recht häufig vor. Man kann nur raten, bindende Konsequenzen erst zu ziehen, wenn ein unterschriebener Ver-trag vorliegt.

Ihr „Fall" wirft für die anderen Firmen zumindest zwei Probleme auf. Einmal bleibt der Verdacht, „in letzter Minute" hätten sich doch noch Gründe oder Argumente gegen Sie ergeben, zum anderen haben Sie jeder der anderen Firmen gezeigt, daß sie für Ihre Interessenlage nur „zweite Wahl" war, denn eigentlich wären Sie lieber zu dem ersten Unternehmen gegangen. Oder sind Sie ein Mensch, der ohne echte Entscheidung stets nur die erstbeste Möglichkeit ergreift?

Wenn Sie eine Chance sehen, in einem kurzen Schreiben Ihre Situation so zu begründen, daß die beiden erwähnten Probleme umgangen werden, könnten Sie es immerhin versuchen.

Frage: Ist es für einen Absolventen ratsam, in der Bewerbung auf die Studiendauer hinzuweisen, wenn diese vermutlich unter der Regelstudienzeit bzw. unter üblichen Durchschnittswerten lag? Gilt das auch für persönliche Umstände wie Selbstfinanzierung durch Nebenarbeit?

Antwort: Es gibt in manchen Branchen den Grundsatz: Tue ein wenig Gutes und sprich ausführlich darüber. Mancher hält sich allerdings so sehr daran, daß er seinen Partnern damit lästig fällt.

Gefürchtet ist hier z. B. der „Einser-Kandidat", der sein Schreiben beginnt etwa mit „Bewerbung als Dipl.-Ingenieur (Examen sehr gut)", dann im zweiten Satz auf sein sehr gutes Examen hinweist, um kurz danach für alle Begriffsstutzigen einen Nachsatz etwa der Güte anzuhängen: „ . . . obwohl ich wegen meines Examens (sehr gut!) . . ."

Am aussagestärksten sind stets Fakten. Wenn man beim Durchblättern einer ansprechenden Bewerbung dann auf die Zeugniskopie mit Examensnoten stößt und mehrfach „sehr gut" liest, ist man wesentlich stärker beeindruckt als nach der oben erwähnten Lektüre.

In Ihrem Fall können Sie z. B. im Anschreiben erwähnen, daß Sie versucht haben, Ihr Studium in der kürzestmöglichen Zeit abzuschließen. Das reicht an der Stelle völlig aus, um das Interesse des Lesers zu wecken. Im Lebenslauf oder tabellarischen Werdegang darf dann ruhig unter „Studium" stehen „ . . . (x Semester)". Der Hinweis, daß dies unter der Regelstudienzeit liegt oder daß fast alle anderen länger brauchen, ist entbehrlich, da es schon wieder „dick aufgetragen" wirkt. Die Kombination „gutes Examen nach kurzem Studium" verfehlt bei Bewerbungen auf normale Industriepositionen ihre Wirkung nicht. Allerdings: Als Entschuldigung für ein besonders schlechtes Examen gilt ein kurzes Studium auch nicht.

Die Selbstfinanzierung durch Nebenarbeit können Sie immerhin erwähnen, indem Sie im Lebenslauf sachlich anführen: „ . . . während des Studiums praktische Tätigkeit als . . ." Daß dies aus finanziellen Gründen geschah, weiß der lebenserfahrene Leser dann schon.

Sollten Sie übrigens wirklich ein schlechteres Examen haben, dann vermag erkennbares „Problembewußtsein" in der Bewerbung oder im Vorstellungsgespräch manchen Entscheidungsträger etwas gnädiger stimmen. Eine Formulierung, die Sie auch wirklich vertreten können, in Richtung: „ . . . leider . . ." liegt ihm dann immer noch näher als die unaufgefordert vermittelte Erkenntnis, „das Examen habe ja erwiesenermaßen nun gar keine Bedeutung für die weitere Berufslaufbahn" oder die schnodderige „Lebensweisheit", man habe „erfreulicherweise als Student ja noch andere Betätigungsmöglichkeiten als das sture Pauken für Examen, die ja letztlich gar keine Bedeutung . . .".

Frage: Soll man ein vorliegendes Zwischenzeugnis des jetzigen Arbeitgebers (ausgestellt wegen geänderter Aufgaben) den Bewerbungsunterlagen beifügen?

Antwort: Man soll alles tun, was das eigene Anliegen fördert. Ein Zwischenzeugnis „fördert" die Bewerbung durchaus – wenn es gut ist. Ist Ihres gut?

Da Sie dieses Dokument nicht beigefügt haben, können wir die Frage auch nicht beantworten. Aber einige grundsätzliche Erläuterungen sind hilfreich:

66

Alles, was in Ihrem Leben passiert (und „beruflich relevant") ist, bedarf der Belege – die sehr sorgfältig geprüft werden. Dieses durchaus logisch anmutende Prinzip wird plötzlich an einem besonders wichtigen Punkt durchbrochen, nämlich bei der eigentlich entscheidenden Wertung der heutigen Tätigkeit. Da analysiert man als „Entscheidungsträger" in Bewerbungsfragen Abiturergebnisse aus 1957, wägt sorgfältig Zeugnisformulierungen aus 1968 und 74 – glaubt aber in allen Fakten der letztlich maßgebenden heutigen Position den unbelegten Eigenaussagen des Bewerbers. Dieses Vorgehen hat sich absolut eingebürgert. Der Bewerber ist (hoffentlich) in ungekündigter Stellung. Rückfragen beim heutigen Arbeitgeber sind unmöglich, da sie das derzeitige Arbeitsverhältnis gefährden würden. Also hat der für die zurückliegenden Zeiten so „gnadenlos" auf Dokumente angewiesene Bewerber plötzlich eine Chance, zunächst unwidersprochen in eigener Sache zu argumentieren (wahrheitsgemäß sollte er dies schon tun, denn häufig sichert der neue Arbeitgeber sich vor Vertragsunterschrift durch Referenzen ab, fast immer läßt er sich das spätere Arbeitszeugnis nachreichen – offensichtliche Unwahrheiten können je nach Einzelfall durchaus als Begründung für fristlose Entlassungen dienen). Zwischenzeugnisse sind ein Sonderfall, der keineswegs die Regel ist.

Erste Frage: Kann ein Zwischenzeugnis des Arbeitgebers so gut sein, daß es den – hoffentlich – guten Eindruck nach der eigenen Schilderung des Bewerbers über Aufgaben und Zuständigkeiten, Anerkennungen und Beförderungen noch vertieft?

Zweite Frage: Können Sie ein Zwischenzeugnis so gut beurteilen, daß Sie sich die Entscheidung zutrauen, ob Sie Ihres nun lieber weglassen oder unbedingt beifügen (bei „Endzeugnissen" kommt es darauf nicht an, die müssen beigefügt werden)?

Dritte Frage: Wenn Sie Arbeitgeberfunktionen hätten, was würden Sie in ein Zwischenzeugnis hineinschreiben? Formuliert man zu schlecht, verliert man den Mitarbeiter vielleicht. Formuliert man zu gut, präsentiert der Betroffene mit höchster Wahrscheinlichkeit dieses Dokument bei der nächsten Gehaltsdiskussion als „Beweis" für besondere Leistungen. Die meisten Zwischenzeugnisse lassen etwas von den seelischen Krämpfen spüren, unter denen sie entstanden.

Frage: Soll die Bewerbung tatsächlich wie eine „Wissenschaft" abgehandelt werden, die gar käuflich zu erwerben ist? Ich denke an spezielle Bewerber-Beratungen usw., mit denen höchstwahrscheinlich wesentlich bessere Ergebnisse erzielt werden können. Es kostet dann eben einige hundert oder vielleicht auch tausend DM.

Antwort: Die Bewerbung ist weder eine Wissenschaft, noch überhaupt so furchtbar kompliziert, wenn man sich die Mühe macht, die Situation der „anderen" Seite zu berücksichtigen. Man muß dafür nur Lernbereitschaft mitbringen und verfügbare Informationen sammeln. Die meisten Menschen setzen nur die falschen Schwerpunkte. Sie haben z. B. stets die Gebrauchtwagenpreise für ihr Auto im Kopf, „basteln" stundenlang am optimalen Verkaufsinserat für ein solches Fahrzeug, waschen und polieren ihren „Blechhaufen" ein ganzes Wochenende lang, bessern sorgfältig Rost aus und lackieren Teile neu – nur um vielleicht einen etwas besseren Preis zu erzielen. Dagegen spricht nichts. Nur sind es häufig die gleichen Menschen, die einer ungleich wichtigeren Bewerbung (an der die Existenz der ganzen Familie hängen kann) lächerliche zwanzig Minuten widmen – jedenfalls sehen die Produkte häufig so aus.

Ohne Sie etwa auf dieses Verfahren festlegen zu wollen – die „Empfängerseite" der Bewerbungen unterstellt, daß der anspruchsvolle, studierte Bewerber (Ingenieur) etwa wie folgt vorgeht: Lesen eines interessanten Inserates, eingehendes Abwägen der eigenen Interessen- und Qualifikationslage, ausführliche Diskussion mit dem Ehepartner (auch: Standort), Überschlafen der Angelegenheit, Sammlung von Argumenten für die positive Beurteilung durch den neuen Arbeitgeber, erster Entwurf eines Bewerbungsschreibens speziell auf dieses Inserat (es gibt keine Chance, bei zwei Anzeigen mit dem wortgleichen Anschreiben optimale Wirkung zu erzielen), am nächsten Tag kritische Überarbeitung des Entwurfs, Korrektur, sauberes Abtippen, sorgfältiges Zusammenstellen aller Unterlagen, nochmalige kritische Endkontrolle, absenden.

Wenn Sie 80 000,– DM als Abteilungsleiter verdienen wollen, dann sind das mit Sekretärinnen-, Sozial- und Raumkosten für den neuen Arbeitgeber leicht 200 000,– DM pro Jahr, bei erwarteten fünf Jahren Betriebszugehörigkeit also 1 Million DM „Investitionskosten". Was meinen Sie, welchen Aufwand heute ein Unternehmen im Verkauf treiben muß, bis eine Maschine mit einem Investitionswert von 1 Million DM „an den Mann" gebracht ist?

Zum letzten Teil Ihrer Frage: Gegen „Hilfe zur Selbsthilfe" durch qualifizierte Berater in Bewerbungsfragen spricht nichts – klare Darstellungen Ihrer speziellen Probleme können hilfreich sein und Denkanstöße vermitteln. Die wörtliche Formulierung einer Bewerbung ist jedoch nicht seriös – die Unterlagen sollen die Persönlichkeit des Schreibers erkennen lassen. Außerdem hilft das „Schreiben lassen" nichts – der Kandidat erweckt Hoffnungen, die er im persönlichen Gespräch nicht erfüllen kann. Enttäuschte Erwartungen führen dann zu besonders harten Niederlagen. Ob und wie Sie also Beratung in Anspruch nehmen, ist Ihre Sache (wie bei Ärzten, Anwälten oder Steuerberatern). Was jedoch die Kosten für eventuelle Hilfe angeht, folgen wir Ihnen nur bedingt. Solange jemand für eine Metalliclackierung seines Autos problemlos 600,– DM Aufpreis zahlt, wäre auch ein Mehrfaches dieser Summe zur Optimierung der Existenzsicherung sicher gut angelegt, wenn man sicher sein kann, an einen Partner zu kommen, der seriös und erfahren zugleich ist.

Frage: Warum soll (oder muß) man eigentlich bei Bewerbungen soviel Aufwand an Formulierungen und Schreibtechnik treiben? Es steht doch sowieso immer der gleiche Text in allen Schreiben, die ich absende; warum also nicht gleich drucken oder sonst vervielfältigen?

Antwort: Es ist erstaunlich, daß ausgerechnet bei dem sehr wichtigen Thema „Bewerbung" immer wieder zu rationalisieren versucht wird. Die meisten Arbeitnehmer leben allein von ihrer angestellten Tätigkeit, die sie mit Bewerbungen finden müssen. Also könnte man doch auch unterstellen, diese ganze Thematik sei, weil lebenswichtig, „Nr. 1" (oder Nr. 2, weil die Nr. 1 an allen Stammtischen schon belegt ist) in ihrem Denken und Tun.

Merkwürdigerweise ist dem nicht so.

Man schreibt Liebesbriefe individuell (was wir verstehen), verzichtet auf Vorgedrucktes bei Beschwerden, Leserzuschriften, Urlaubsgrüßen usw. Man erwartet auch, selbst individuell umworben zu werden. Je wichtiger und offizieller der Anlaß, um so mehr erwarten – und akzeptieren – alle Beteiligten den individuellen Brief. Dabei kann kaum ein anderer Anlaß im Leben es in bezug auf Bedeutung oder Auswirkung mit dem Thema „Bewerbung" aufnehmen. Soweit zum „moralischen" Appell, der aber keineswegs unser stärkstes Argument ist.

Viel mehr an Durchschlagskraft hat ein Ratgeber, wenn er deutlich zu machen versteht, daß eine Empfehlung im Interesse des Beratenen liegt. Und genau dafür haben wir Anhaltspunkte.

Unsere gesamte Wirtschaftsordnung beruht auf dem Prinzip, daß Verkaufbarkeit oberster Maßstab für die Wertung angebotener Produkte oder Leistungen ist. Ein technisch hervorragendes Erzeugnis kann zum Ruin des Anbieters führen, wenn – warum auch immer – es niemand kauft. Ebenso kann eine Firma sogar sinnlose – nicht bloß minderwertige – Waren anbieten und damit auch noch gute Erträge erwirtschaften.

Mindestens ebenso erfolgsentscheidend wie die Qualität des Angebotes ist die Werbung, Marktforschung, Verkaufspolitik. Wir alle haben uns an diese Zusammenhänge gewöhnt.

Weiterhin gilt das Prinzip des Käufermarktes fast überall – letztlich wird produziert, was „die Leute" kaufen (auch wenn man sie erst einmal durch geschickte Werbung dazu gebracht hat, etwas ganz Bestimmtes kaufen zu wollen).

Alle Unternehmen, die täglich ein- und verkaufen, entwerfen und produzieren, denken in diesen Kategorien. Es gibt keinen einleuchtenden Grund, warum sie ausgerechnet beim Einkauf von Arbeitskraft anders verfahren sollten.

Das Unternehmen also ist der einkaufende „Kunde", der Bewerber versucht, sein „Produkt", seine Arbeitskraft, zu verkaufen. Sein schriftliches Angebot ist die Bewerbung. Wenn Sie diese dem praktischen Alltag entnommenen Gedankengänge akzeptieren, sind Sie der Lösung schon recht nahe.

Jedes erfolgreiche Verkaufsangebot im Wirtschaftsalltag muß auf die Interessen, Wünsche und Vorstellungen des anvisierten Käufers ausgerichtet sein. Die „Käufer" in Bewerbungsangelegenheiten haben nun eine Erwartungshaltung in mindestens drei Punkten:

1. Einhaltung langjährig eingefahrener Verhaltensnormen. Bewerbungen haben halt individuell geschrieben zu sein.

Das klingt nur solange albern, wie man es nicht mit anderen Dingen im täglichen Berufsalltag vergleicht. Jeden Tag, wenn Sie zum ersten Mal das Büro Ihres Chefs betreten, sagen Sie: „Guten Morgen, Herr ..." Er weiß, daß Ihnen sein Morgen egal ist, Sie wissen es auch – und wissen sogar, daß er es weiß. Reine Formvorschrift also. Und dennoch hat u. W. noch niemand seinem Chef vorgeschlagen, auf den all-täglichen Gruß zu verzichten (daß der Vorgesetzte dies anregen könnte, gehört nicht hierher).

2. Wer als „Käufer" auftritt, hat Macht auf dem Markt – und weiß das. Er will auch so behandelt werden. Also will auch das eine Bewerbung empfangende Unternehmen spüren und sehen, daß der „Verkäufer" sich Mühe gegeben hat. Die Bewerbung soll schon zeigen, daß er das Unternehmen als „wichtig" einstuft, ihm individuell und ausführlich schreibt – und nicht nur einen neuen Namen in einen vorgedruckten Routinebrief einsetzt. Natürlich weiß die Firma, daß dieser Bewerber gleichzeitig auch noch in mehrere Richtungen denkt, – dies auszusprechen wäre jedoch unhöflich und damit den eigenen Zielen nicht dienlich. Und tun wir doch bitte alle nicht so, als würden wir nicht

ständig diese Prinzipien beachten. Der Sachbearbeiter, der im Finanzamt unsere Steuern bearbeitet (und über unsere diversen „Absetzungen von der Steuer" entscheidet), darf schon einmal ein wenig unfreundlicher sein als der Verkäufer, der unsere Unterschrift unter einen 20 000-DM-Vertrag haben möchte.

3. Das wichtigste Argument zuletzt: Am besten verkauft, wer mit seinem Produkt Probleme des Käufers löst. Welche Probleme der „Käufer" in Bewerbungsangelegenheiten hat, steht in der Anzeige. Wie gerade Ihre Person als neuer Mitarbeiter diese speziellen Fragen beantworten könnte, muß demnach in der Bewerbung stehen. Keine zwei Anzeigen sind wirklich gleich. Demnach kann ein Text einer Bewerbung nie die optimale „Lösung" für mehr als eine Anzeige sein. Der Leser einer Bewerbung erwartet, daß er diese Lösungen „mundgerecht" serviert bekommt. Wird z. B. zwingend nach CAD-Kenntnissen gefragt, reicht eine Erwähnung im Zeugnis von 1981 (Blatt 8 dieser Bewerbung) nicht; diese Qualifikation gehört dann ins Anschreiben. Ist aus einer Anzeige keinerlei Zusammenhang mit CAD erkennbar, wäre ein Anschreiben mit diesen Hinweisen u. U. sogar schädlich („was schreibt der für einen Unfug zusammen, danach hat doch niemand gefragt").

Zusammenfassung: Niemals besser, fast immer jedoch von geringerer Wirkung, häufig ohne jede Chance – diese Einstufung beschreibt die vorgedruckte Bewerbung im Verhältnis zur individuell geschriebenen. Das gilt für qualifizierte Bewerber, „karriereträchtige" Positionen – und schließt nicht aus, daß mancher anders gehandelt und dennoch „seine" Anstellung gefunden hat. Wie stets können wir hier nur Standard-Einschätzungn der deutschen Wirtschaft wiedergeben, die erfahrungsgemäß um so mehr gelten, je älter und bedeutender das jeweilige Haus ist. Jedoch ist uns bisher kein Fall bekannt geworden, in dem ein Ingenieur als „Rundschreiben-Bewerber" mit der ausdrücklichen Feststellung eingestellt wurde, mit einer „konventionellen" Zuschrift hätte er keine Chance gehabt.

Frage: Wenn ein Bewerber lt. üblicher Einschätzung mit der „Todsünde" behaftet ist, keinen sinnvollen Werdegang vorweisen zu können, wie soll er argumentieren? Ursachen könnten neben mangelhafter Planung auch Marktlage, Ereignisse im persönlichen Bereich u. ä. sein.

Antwort: Details zu nennen, ist bei einer so pauschalen Frage nicht möglich. Folgende Generalaussagen sollten Sie in Ihre Strategie einbeziehen:

a) Problembewußtsein ist hilfreich. Lassen Sie erkennen, daß Sie sich der Belastungen Ihres Marktwertes bewußt sind — (einsichtig und bereit sein, „Scharten" durch besondere Leistungen auszuwetzen).

b) In einer solchen Situation ist eine Bewerbung ohne große Chancen, die eindeutig nach „Höherem" zielt (Hierarchie, Geld, Verantwortung).

c) Einwirkungen aus dem persönlichen Bereich sind gar nicht beliebt, etwa Wohnortwechsel nach Nähe zur Schwiegermutter („und dann mußte ich feststellen, daß dort kaum Positionen in meiner Fachrichtung angeboten wurden"). Gefragt ist ein Bewerber, beim dem das Thema „Beruf" Priorität Nr. 1 hat. Einstellungen von Bewerbern sind keine sozialen Handlungen, sondern von handfesten Eigeninteressen diktiert.

d) Nicht gegen alles gibt es Argumente. Wer „gesündigt" hat, wird oft auch einmal „büßen" müssen, leider büßen häufig genug sogar Unschuldige. Ein Mensch, der Karriere machen will und nun eingestehen muß, in seinem eigenen Leben nicht alles „im Griff" gehabt zu haben, tut sich schwer mit dem Ansinnen, jetzt wesentliche Teile eines fremden Unternehmens erfolgreich gestalten zu wollen. „Kleine Brötchen" jedoch läßt man ihn vielleicht backen.

e) Mit Ihnen bewerben sich ggf. zwanzig (oder zweihundert) andere Ingenieure. Darunter ist sicher einer ohne „Todsünde". Das Unternehmen nimmt ihn meist lieber als den Mitbewerber, der zwar gesündigt, aber gute „Ausreden" hat. Sehen Sie die Angelegenheit bitte auch einmal aus der Sicht des „unbelasteten" Menschen. Er kann ja nun mit vollem Recht darauf hinweisen, seit 15 Jahren seinen Werdegang ganz konsequent nach beruflichen Erfordernissen ausgerichtet zu haben. Wie maßlos enttäuscht dürfte (und müßte) er sein, wenn ihm nun ein Bewerber mit „Todsünden" vorgezogen würde – immer unter der Voraussetzung sonst gleicher fachlicher Qualifikation.

Auch wer sich als Chef-Fahrer bewirbt, hat die größten Chancen, wenn die „Unfallquote" in den zurückliegenden Jahren möglichst gering war. Wobei es nur wenig hilft, wenn immer „die Situation" oder „die anderen" die Schuld tragen. Ein wirklich guter Kraftfahrer, so sagt man, entwickelt auch dafür ein Gespür, wann und wo sich gefährliche Situationen aufbauen – und meidet sie.

Wir wissen, daß dies sehr hart klingt und dem Einzelfall oft nicht gerecht wird. Die Frage nach der „Schuld" stellt sich im Leben nicht immer so, daß eine zufriedenstellende Antwort möglich ist. Begabungen, die man gebraucht hätte, aber nicht vererbt bekam, gehören letztlich auch in diesen Komplex. Auch zum optimalen Umgang mit den „Spielregeln" in Karrierefragen (die wir nicht machen!) gehört ein gewisses Talent, schlimmstenfalls aber kann man das lernen.

Frage: Es gibt – bei allem Verständnis für Regeln – doch immer wieder Einzelfälle, in denen Ausnahmen aus wohlüberlegten Gründen eigentlich anerkannt werden müßten. Im Projektmanagement des Anlagenbaus, z. B., ist die „Lehr- und Einarbeitungszeit" so lang, daß mehr als zehnjährige Betriebszugehörigkeiten nicht als Nachteil ausgelegt werden dürften. Und in Standortfragen muß man doch wohl manchmal einfach einen Kompromiß mit der Ehefrau schließen – also dürfte dann ein Stellenwechsel aus diesem Grund (bei gleichem Aufgabenspektrum) auch nicht als Fehler gewertet werden.

Kann ich (und wenn ja, wie?) diese Argumente im Bewer-

bungsschreiben behandeln? Wenn ich das tue, muß ich mehr als die empfohlenen 1,5 Seiten schreiben. Wie setze ich hierbei Prioritäten?

Antwort: Einer der typischen Fehler im Werdegang ist der zu häufige Firmenwechsel. Auf der anderen Seite kann (mit ungleich geringerer Wertigkeit!) auch schon einmal eine zu lange Betriebszugehörigkeit als Negativpunkt gewertet werden. Auf keinen Fall brauchen oder sollen Sie sich für lange Dienstzeiten entschuldigen. Den Platz in der Bewerbung sparen Sie also schon.

Wir sind eine Karriere-, keine Eheberatung. Wo Sie in Ihrem Leben Prioritäten setzen, unterliegt allein Ihrer Entscheidung. Nur – alles kann man nicht haben. Aus der Sicht der Unternehmen ist ein Bewerber interessanter, der dem Beruf Rang Nr. 1 im Leben einräumt – wer will der Arbeitgeberseite das verdenken? Andererseits ist aus der Sicht z. B. der Ehefrau (manchmal) ein Mann interessanter, der seiner Familie die Nr. 1 im Leben zuordnet – wer will nun wieder ihr das verdenken? Bei dem jeweiligen Bewerber liegt es, hier seinen ganz persönlichen Kompromiß zu finden. Es ist leider nicht ganz einfach, die eigene Familie und den heutigen sowie alle künftigen Arbeitgeber gleichermaßen glücklich zu machen.

Sie spüren aus dieser Darstellung, daß komplizierte Argumentationen in einer Bewerbung, warum z. B. der Standort der Familie unzumutbar schien, hier gar nicht helfen. Der künftige Manager müßte sich sogar fragen lassen, ob denn die Vorbereitungen und Planungen des damaligen Schrittes optimal waren. Gescheiterte Vorhaben, gleich welcher Art, sind keine Empfehlungen für anspruchsvolle Bewerber.

Und – als eine Art „Geheimtip" – wenn Sie schon aus privaten/ familiären Gründen den Arbeitgeber wechseln, dann sprechen Sie wenigstens nicht darüber. Manchmal wird eine gut formulierte „Ausrede" zwar nicht geglaubt – sie zeigt aber, daß Sie die Spielregeln anerkennen. Ihrem Chef reicht es, wenn Sie ihm ein „Guten Morgen" zurufen, er erwartet keineswegs, daß Ihnen dies ein Herzenswunsch ist.

Sonderfall: Stellengesuch

Frage: Können Sie einem Stellensuchenden empfehlen, eigene Anzeigen aufzugeben? Wenn ja, gleich zu Beginn der Suche oder in einem späteren Stadium?

Antwort: „Stellengesuche", so heißt diese Rubrik in den entsprechenden Tages- und Fachzeitungen, sind ein möglicher Weg zum neuen Arbeitsvertrag, bleiben jedoch ein Sonderfall mit eigenen Vor- und Nachteilen. Folgende Überlegungen fallen uns dazu ein:

a) Sie kosten Ihr Geld, Stellenangebote das des Unternehmens. Diese Entscheidung liegt natürlich bei Ihnen.

b) Der stärkere Partner bei der gesamten Thematik „Bewerbung" ist der neue Arbeitgeber. Seine zeitliche und sachliche Planung ist die Basis für eine mögliche Einstellung. Ein zielstrebiges Unternehmen wird sich die „Federführung" dieser Aktion nie aus der Hand nehmen lassen. Es braucht den neuen Mitarbeiter mit der genau definierten Qualifikation zu einem bestimmten Zeitpunkt. Wenn es diese Zielsetzung einmal hat, wird es auch etwas „unternehmen" wollen – abwarten wäre nach dem Selbstverständnis unserer Wirtschaftsbetriebe entschieden zuwenig. Kein Personalchef wird vier Wochen nach einem Vorstandsbeschluß über die Einstellung eines neuen wichtigen Mitarbeiters Mißerfolg mit der Begründung melden, es hätten eben keine Stellengesuche in der Zeitung gestanden. Nach Fertigungsanlauf eines neuen Produktes wartet ein Unternehmen auch nicht auf Kunden, die zufällig vorüberkommen, sondern wird selbst aktiv.

c) Ein Unternehmen will einen speziellen Mitarbeiter mit bestimmten Merkmalen für eine bestimmte Position. Ein Stellengesuch kann stets nur nach dem „Schrotschußprinzip" eine ganze Bandbreite von Gebotenem und Erwartetem offerieren.

d) Viele Firmen sind enttäuscht über die Ergebnisse von Kontaktaufnahmen mit solchen Interessenten. „Aus der Anzeige ging nicht ein Bruchteil von Problemen hervor, die sich beim Studium der angeforderten Unterlagen herausstellten", heißt es oft. Wesentliche Einschränkungen wie zuhäufige Wechsel, schlechte Studien- und Arbeitszeugnisse usw. sind erst später erkennbar – und führen zu dem Entschluß, „die Finger von solchen Stellengesuchen zu lassen".

e) Manche Stellengesuch-Inserenten beschweren sich, es kämen sehr viele Zuschriften mit Angeboten, die „so viele Haken und Ösen hatten, daß sich auf normalem Weg wohl niemand auf solche Positionen beworben hätte". Diese Firmen hatten wohl vermutet, wer selbst inseriert, stünde besonders unter Druck und könne dann wohl auch nicht mehr so wählerisch sein.

f) Ein vor einer Personalentscheidung stehendes Unternehmen hat gern Auswahl. So ca. 20 bis 30 Zuschriften pro Stellenanzeige des Unternehmens gelten als brauchbare Basis. Bei Stellengesuchen hat man es meist nur mit einem oder vielleicht auch zwei Kandidaten zu tun. „Ich will einfach eine größere Auswahl haben", formulieren viele Vorgesetzte ihr Motiv dafür, eine Entscheidung über eine einzelne Bewerbung hinauszuschieben.

g) Natürlich gibt es auch positive Aspekte und Erfahrungen. Ein Unternehmen könnte durchaus ein solches Stellengesuch lesen, bevor es selbst in die Zeitung geht – und dieser Inserent bekommt seine Chance. Oder der Fachvorgesetzte liest dieses Inserat und antwortet darauf. Dies darf er häufig selbst tun, für Stellenanzeigen des Unternehmens hätte er sich mit der Personalabteilung abstimmen oder eine Vorstandsgenehmigung einholen müssen. Außerdem spart er Kosten (viele Bewerber berichten wiederum, man habe später schon deutlich gemerkt, es hier mit einem Unternehmen zu tun zu haben, das sich die sonst üblichen Kosten für Personalanzeigen hätte ersparen wollen; beim Gehalt sei dieses „Kostenbewußtsein" erneut spürbar geworden).

Fest steht, daß es durchaus Beispiele gibt, bei denen ein Arbeitsvertrag auf der Basis von Stellengesuch-Inseraten zustande kam. Aus den genannten Gründen wird es die Ausnahme bleiben. Wer „unter Druck" steht, wird auch diesen Weg versuchen müssen. Wenn Sie, um Geld zu sparen, damit warten, bis „konventionelle" Bewerbungen zu keinem Erfolg führen, ist dies eine mögliche Entscheidung. Aus den aufgezählten Argumenten wird deutlich, daß es einen falschen Zeitpunkt eigentlich nicht geben kann.

Falsch wäre allein, Sie würden – um sich selbst das Lesen von Stellenangeboten der Firmen zu sparen – nur auf das Instrument „Stellengesuch" setzen.

Sonderfall: innerbetriebliche Stellenausschreibung

Frage: Innerhalb unseres Unternehmens wird eine Führungsposition ausgeschrieben, um die ich mich bewerben werde. Ist es üblich, vollständige Bewerbungsunterlagen (inkl. Zeugniskopien) einzureichen oder genügt ein Hinweis auf Veränderungen seit Eintritt in diese Firma? Ist es erforderlich, die eigene Qualifikation herauszustellen? Ist es ratsam, auf Erfolge im Unternehmen hinzuweisen? Gibt es weitere Besonderheiten bei „internen Bewerbungen", die zu beachten sind?

Antwort: Beginnen wir mit letzterem: Es gibt.

Um es einmal aus der Sicht der „anderen Seite" darzustellen: So schön, wie sich die Theorie der internen Stellenausschreibung anhört, so sehr steckt der Teufel im Detail. In den Augen so mancher Personalabteilung ist diese Sache auch ein gewaltiges Ärgernis. Selbst wenn diese Konstruktion manchmal durchaus funktioniert, so bleiben doch einige „systemimmanente" Nachteile übrig. Die Personalfachleute versuchen natürlich, hier soweit wie möglich gegenzusteuern, können jedoch auch nicht immer Wunder wirken.

Nehmen wir einmal an, Sie bewerben sich und bekommen die Position. Dann sind wenigstens Sie glücklich. Ihr bisheriger Chef hingegen schätzte Sie entweder sehr – dann ist er vermutlich weniger erfreut über den Verlust; oder er hält weniger von Ihnen – dann sieht er mit großem Mißtrauen, daß Sie nun an ihm vorbei aufgerückt und vielleicht fast so viel wie er geworden sind. Er ist also ein einzukalkulierender „Negativposten" für Ihre Kalkulation, der Ihnen im Hause noch viele Jahre erhalten bleibt.

Das aber war der harmlose Fall Ihrer erfolgreichen internen Bewerbung. Dieses bißchen (möglicher) Ärger kann man schon in Kauf nehmen für einen Aufstieg. Schwieriger wird die Situation im Falle einer Ablehnung. Einmal riskiert das Unternehmen generell bei 100 Bewerbungen neunundneunzig recht frustrierte, in mehrfacher Hinsicht enttäuschte Mitarbeiter. Ist schon die Absage einer „fremden" Firma kein Anlaß zu Hochgefühlen, so schmerzt es doppelt, wenn das „eigene Haus" letztlich einen negativen Bescheid gibt (mit dem man rechnen muß).

Außerdem kommt dann für Sie das Bewußtsein hinzu, maßgeblichen Stellen des Arbeitgebers ein deutliches Signal in Richtung „ich möchte mehr sein, als ich heute bin" gegeben zu haben. Kann die Personalabteilung überhaupt annehmen, mit der Absage an Sie sei der Fall erledigt, oder müssen Sie nicht unterstellen, man denkt dort etwa so: „Der Mann sucht die Beförderung. Hier hat er sie nicht bekommen, also wird er es anderweitig versuchen und ist nun für uns ein unsicherer Kandidat." Selbstverständlich kann dies auch positive Reaktionen auslösen (kann!)

Im Normalfall wird die Personalabteilung prüfen, ob der einzelne Bewerber überhaupt eine Chance hat – und ihm eventuell die Angelegenheit wieder ausreden. Im positiven Fall aber geht die Bewerbung an den „neuen" Vorgesetzten, der „alte" wird dann in der Regel davon erfahren. Ein „Geheimvorgang" hinter dessen Rücken wäre personalpolitisch nicht zu verantworten. Von daher geht also der interne Bewerber zumeist ein Risiko ein, das er bei externen Bemühungen um jeden Preis ausschalten will. Um das abzumildern, sollte er sich stets um ein so gutes Verhältnis zum Chef bemühen, daß die eigenen Absichten und Wünsche ganz offen besprochen werden können.

Zur besseren Einordnung der gesamten Thematik müssen Sie die Ursachen kennen: Die Durchführung interner Stellenausschreibungen heißt keineswegs, daß das entsprechende Unternehmen dies auch gern tut. Häufig ist der Betriebsrat, der ein entsprechendes Verfahren verlangen kann, die treibende Kraft. So mancher Personalleiter gesteht zu, daß viele solcher Ausschreibungen reine „Pflichterfüllung" sind – den internen Wunschkandidaten kannte und hatte man längst, kam aber an der offiziellen Aktion nicht vorbei („Ich wäre ein schlechter Personalchef, wenn ich nicht selber wüßte, wer bei uns für Beförderungen ansteht.").

Wir wollen Ihnen diese Bewerbung nicht ausreden, eine Chance ist es immerhin. Am besten sprechen Sie vor einer schriftlichen Bewerbung ein offenes Wort mit dem zuständigen Betreuer in Ihrer Personalabteilung; vielleicht sehen Sie danach klarer.

Wir bitten hier ausdrücklich um Verständnis, daß wir bei der gegebenen Vielzahl von Unternehmen diverser Größen und Branchen nur alle möglichen Aspekte aufzeigen können – wie die Dinge konkret gerade bei Ihnen stehen, wissen wir natürlich nicht.

Zu Ihren Sachfragen: Wir würden eine Bewerbung mit Lebenslauf/Werdegang einreichen, Zeugnisse und Dokumente vor Eintritt in die Firma sind zunächst entbehrlich. Die eigene Qualifikation ist schon deutlich zu machen, aber möglichst nur durch Hinweise auf Fakten. Entsprechendes gilt für Erfolge im Unternehmen. „Ich wurde zum Mitglied der Projektgruppe . . . ernannt" ist ein Faktum, das für Sie spricht. „Nach einjähriger Tätigkeit dort übertrug man mir die Leitung . . ." steht für bisherigen Erfolg, „. . . absolvierte ich den EDV-Kurs . . ." ist ebenso ein Faktum. Bedenken Sie: Im Gegensatz zu externen Bewerbungen ist hier alles sofort nachprüfbar. Formulieren Sie Positives so, daß Sie es jederzeit vor Ihrem heutigen Vorgesetzten verantworten könnten – und daß er es vermutlich unterschreiben würde. Vor

einer Versetzung wird man ihn in den meisten Fällen um ein Urteil bitten. Wenn dann Ihre Aussagen von seinen abweichen ...

Geheimhaltung der Veränderungsabsicht

**Frage: Was geschieht eigentlich, wenn mein Arbeitgeber er-
fährt, daß ich mich auf Anzeigen anderer Unternehmen bewerbe? In unserer Stadt gibt es zumindest eine Firme, zu der mein
Chef gute Beziehungen unterhält. Ist es eine gute Idee, wenn
ich mit einer dorthin gerichteten „Schein-Bewerbung" meinem
Vorgesetzten die Information zukommen lasse, daß er nicht
länger mit mir rechnen kann, wenn meine Beförderung noch
länger ausbleibt?**

Antwort: Lassen Sie uns bitte mit der generellen Aussage beginnen, die Antwort auf Ihre letzte Frage liegt dann schon praktisch
auf der Hand. Wir haben beim Start dieser Serie um Verständnis dafür gebeten, daß wir juristische Fragen hier nicht behandeln wollen und dürfen. Daher hier nur der allgemeine Hinweis,
daß je nach Situation („es kommt darauf an" ist die Standard-
eröffnung fast jedes Juristen bei entsprechenden Ausführungen)
durchaus Kündigungen wegen bekanntgewordener Wechsel-
absichten denkbar sind. Wie fast immer bei Karriere- oder Bewerbungsfragen ist die rechtliche Betrachtung nur der kleinere
Teil des Problems. Viel wichtiger für Sie ist die Frage, was in Ihrem Chef vorgeht, wenn er von Ihrer Bewerbung erfährt. Vielleicht verblüffend für Sie: In einem durchaus nennenswerten Prozentsatz ist er froh, daß ein ganz bestimmter Mitarbeiter gehen
will. Denken Sie an Ihre Ausgangssituation. Wenn Ihre „Beförderung längst überfällig" ist, kann das ja auch daran liegen,
daß das Urteil von Vorgesetztem und Mitarbeiter über letzteren
deutlich auseinanderklafft.

Wichtiger aber ist der Fall der drohenden Kündigung eines
gut beurteilten Arbeitnehmers. Mancher Chef ist tatsächlich
„menschlich enttäuscht" und reagiert in der einen oder anderen

Form negativ. Vielleicht hat er in der letzten Krise (als Entlassungen anstanden) mit großem persönlichen Einsatz Ihren „Kopf gerettet" – wovon Sie nie etwas erfahren haben. Vielleicht hat er Ihre (Be-)Förderung bereits eingeleitet und wartet mit der Nachricht an Sie bis zur Entscheidung der Geschäftsleitung? Oder er hat Ihnen gerade erst genehmigt, auf Kosten seines Bereiches ein Seminar zu besuchen, Sprachen zu lernen o. ä. Oder er betrachtet nach altem Denkschema jede Kündigung als „Hochverrat".

Und sei er „menschlich noch so sauber", er wird sich kaum der Versuchung entziehen können, Sie künftig mit anderen Augen zu betrachten. Warum sollte er die eine ihm genehmigte Gehaltserhöhung ausgerechnet Ihnen zugestehen, gerade Sie mit einer interessanten Sachaufgabe betrauen, Sie jetzt zur Beförderung einreichen oder Ihnen sonst sein Vertrauen schenken? „Der geht doch sowieso" ist gängiges Denkschema eines Vorgesetzten, der weiß, daß ein bestimmter Mitarbeiter sich bewirbt. Es gibt sogar Fälle, wo dieser Ärger bis auf die spätere Zeugnisformulierung durchschlägt.

Zentrale Ursachen aller erwähnten Mißhelligkeiten: die Heimlichtuerei bei der ganzen Aktion. „Hinter meinem Rücken" formulieren enttäuschte Vorgesetzte Dritten gegenüber ihre Entrüstung. Dem Mitarbeiter bleiben eigentlich nur zwei Möglichkeiten:

a) Auf größte Geheimhaltung der Bewerbungsaktion achten, bis zum letzten Tag engagiert arbeiten und nach Unterschrift des neuen Vertrages mit den entspechenden um Verständnis werbenden Worten kündigen. Da es sich hier um das „offizielle" Verfahren handelt, wenn auch keinem der Beteiligten so ganz wohl dabei ist, haben Sie die Gewißheit, daß Sie selbst dann nichts falsch gemacht haben, wenn es Komplikationen geben sollte. Im Normalfall werden Ihnen aus diesem Vorgehen keine Nachteile erwachsen (so hat Ihr Chef vielleicht auch seine heutige Position erhalten) und das Risiko, im „Entdeckungsfall" Enttäuschungen befürchten zu müssen, scheint tragbar. Unser ganzes Wirtschaftssystem ist darauf aufgebaut, daß Chancen und Risiko zusammengehören.

Chance ohne Risiko ist Lotto o. ä.; dafür gewinnt man dort auch fast nie.

b) Viel besser ist ein Weg, den gerade hervorragend beurteilte Mitarbeiter häufiger gehen, als anderen bewußt ist. Hier ist ein – immer wünschenswertes – Chef/Mitarbeiter-Verhältnis gegeben, in dem gegenseitiges Vertrauen die Hauptrolle spielt. Vorgesetzte wissen zumeist selbst ganz gut, wann ein aufstrebender Mitarbeiter „an die Decke" stößt, aber innerhalb des Bereichs oder auch des ganzen Unternehmens keine weitere Chance findet. Entsprechende Mitarbeiter wiederum suchen das vertrauensvolle Gespräch mit dem Chef – und werden über Jahre hinweg eine Beziehung aufbauen, die es ihnen eines Tages sogar gestattet, sich mit (stillschweigender) Duldung des Vorgesetzten zu bewerben. Übrigens: viele Personalchefs und -berater werten es ausgesprochen positiv, wenn ein Bewerber im Gespräch darauf hinweist, sein Chef wisse nicht nur um diese Bewerbung, er stünde sogar als Referenz zur Verfügung.

Damit dürfte auch Ihre Schlußfrage beantwortet sein. Berücksichtigen Sie auch, daß Ihr Vorgesetzter vermutlich seine „goldenen Regeln" für Führungskräfte kennt, von denen eine lautet: sich niemals von einem Mitarbeiter unter Druck setzen lassen.

Frage: Meinen Bewerbungsunterlagen habe ich bisher immer einen tabellarischen Lebenslauf beigefügt, in dem ich den gesamten, den heutigen Arbeitgeber betreffenden Zeitraum „offen" gelassen habe. Gibt es bessere Formen? Wie verhalte ich mich, wenn bei Vorstellungsgesprächen nach dem derzeiten Arbeitgeber gefragt wird?

Antwort: Ihre Lösung im tabellarischen Lebenslauf ist denkbar schlecht. Gerade das, was Sie heute tun, ist für die Beurteilung Ihrer Qualifikation die zentrale Aussage. Wenn Sie hier alles „offen" lassen, riskieren Sie, als ungeeignet oder auch als arbeitslos eingestuft zu werden.

Sie dürfen durchaus in der Nennung des Arbeitsgebers im Lebenslauf ein Risiko sehen. Unser Vorschlag: Sie schreiben z. B.: „Seit dem 1. 7. 1979: in einem Unternehmen mit ca. ... Mitarbeitern (Produktionsprogramm: ...) tätig als ... Wesentliche Aufgaben: ...; unterstellte Mitarbeiter ..."

So geben Sie dem Leser die wichtigsten Informationen, ohne den Namen Ihres Arbeitgebers offenzulegen (was vielleicht etwa 50 bis 70% der Bewerber durchaus riskieren; bei Führungspositionen steigt der Prozentsatz).

Wenn man Sie dann aus 50 oder 150 Mitbewerbern für ein Vorstellungsgespräch ausgewählt hat, liegen die Dinge anders. Der mögliche neue Arbeitgeber, der ja auch prüfen will, ob sich mit Ihnen ein Vertrauensverhältnis aufbauen läßt, wird unbedingt die Offenlegung Ihres heutigen Unternehmens erwarten. Nach den ungeschriebenen Spielregeln akzeptieren Sie mit der Annahme der Einladung diese Bedingung. Sie dürfen dabei um absolute Diskretion bitten, können dann aber mit Aussicht auf Erfolg nicht weiter „geheimnisvoll" bleiben. Ihr Gesprächspartner würde dies als klaren Mißtrauensakt werten – und zumindest Sie nicht einstellen. Selbstverständlich bleibt dabei für Sie ein Restrisiko. Aber: Einmal ist in dieser Welt gar nichts ohne Risiko machbar (Sie können auch auf der Anfahrt zum Gespräch verunglücken), zum anderen versprechen Sie sich ja zum Ausgleich dafür von der neuen Position Vorteile. Da bleibt Ihnen nur die Interessenabwägung.

Leider gibt es die immer wieder gern zitierten „Vorfälle" mit vorzeitigen Rückfragen beim heutigen Arbeitgeber tatsächlich, sie sind aber statistisch nicht ins Gewicht fallend. Ein seriöses, bedeutendes Unternehmen oder ein entsprechender Personalberater wird damit nicht seinen Ruf riskieren – denn diese nicht zu verantwortenden Praktiken sprechen sich recht schnell herum. Die meisten Bewerber überschätzen übrigens den Bekanntheitsgrad des heutigen Arbeitgebers erheblich. Gelegentlich muß ein Gesprächspartner während der Vorstellung schon recht deutlich machen, daß ohne entsprechende Offenlegung keine Weiterführung des Kontaktes möglich ist. Wenn dann – endlich

– der nie gehörte Name eines kleinen Hauses aus abgelegener Region fällt, hat der Bewerber häufig einige Mühe, ein Urteil in Richtung „was für ein umständlicher, komplizierter Mann – macht so ein Theater wegen dieses völlig unbekannten Betriebes" wieder gradezubiegen. Daß aus seiner Sicht manches anders aussieht, steht auf einem anderen Blatt. Der Bewerber jedoch heißt so, weil er sich bewirbt – trotz der Banalität dieser Aussage sei die Tatsache in Erinnerung gebracht. Er ist gesucht, häufig auch in Anzeigen umworben – stets aber der eine Mensch gegenüber den zehntausend, die das Unternehmen vielleicht schon hat.

Bewerbung aus gekündigtem Arbeitsverhältnis

Frage: Kann man noch eine „gute Anstellung" finden, wenn man sein bestehendes Arbeitsverhältnis schon gekündigt hat?

Antwort: Man kann, aber es ist sehr viel schwieriger. Sie müssen innerhalb einer bestimmten Frist eine neue Position finden, damit verhandeln sie bei jeder Bewerbung „unter Druck" – immer eine schlechte Ausgangssituation. Jeder Arbeitgeber befürchtet, Sie würden einen evtl. Vertrag nur unterschreiben, um der drohenden Arbeitslosigkeit zu entgehen. In Wirklichkeit würden Sie nur darauf warten, sich später aus ungekündigter Position bewerben zu können. Sie haben einen Fehler gemacht, für den Sie nun einen Preis zahlen müssen.

Ablehnungsgründe

Frage: Ist es ratsam, bei abgelehnten Bewerbungen nach den Gründen zu fragen?

Antwort: Ja. Die Antworten sind eine ausgezeichnete Basis für selbstkritische Überlegungen. Aber: Schriftliche Fragen sind zwecklos, da kaum jemand schriftlich die „echten" Gründe nennen wird (auch wir schreiben Ihnen nicht, was wir von Ihrer wenig Mühe verratenden Postkarte halten, die mit drei verschiedenen Stiften geschrieben und deren Text z. T. mit neuen Formulierungen überklebt wurde).

Wenn dies Sinn haben soll, dann nur telefonisch, ausgesprochen höflich (!), mit dem ausdrücklichen Versprechen verbunden, nicht über die Antwort zu diskutieren. Fast zwecklos ist dies für Absolventen, da nach 100 oder 600 Bewerbungen niemand mehr die Gründe für die Absage im Einzelfall im Kopf hat. Wenn Sie aber auf einen sehr netten Menschen stoßen, verrät der Ihnen vielleicht, was für einen Bewerber man eingestellt hat (Alter, Studiendauer, Examensnoten, Sprach- oder sonstige Fachkenntnisse, Lehre vor dem Studium, mit sorgfältig gestalteter Bewerbung u. ä. m.). Dann haben Sie einen Maßstab. Um hier keine Massenaktionen bei den auch so schon hinreichend gestreßten Gesprächspartnern in den Personalabteilungen auszulösen: Wenn Sie miserable Examensnoten mitbringen, häufig den Arbeitgeber gewechselt haben, eine lieblose Fotokopie-Bewerbung benutzt und ein Foto im modisch aktuellen Freizeit-Look beilegen, weiterhin mit der Gehaltsforderung „nach Jahren der Entbehrung nun endlich einmal zuschlagen" wollen – dann allerdings ist eine Nachfrage entbehrlich. Von fehlenden oder schlechten beruflichen Zeugnissen, völlig anders gelagerten Branchenkenntnissen o. ä. gar nicht zu reden.

Frage: Wenn ich so manche Stellenanzeige lese und das Anforderungsprofil durchgehe, könnte man meinen, die gesuchte Führungskraft hätte einen Chaoten-Klub zu führen. Stets wird „Durchsetzungsvermögen" gefordert – in der Literatur über modernes Management wird das Gegenteil gelehrt. Man liest dort, daß eine Führungskraft, die ihr Durchsetzungsvermögen ins Spiel bringen muß, nur nicht zur zielorientierten Motivation ihrer Mitarbeiter in der Lage war.

Antwort: Eines vorweg: Gäbe es eine ähnliche Rubrik für die

Beratung von Unternehmen, so müßte darin sicher dringend eine Serie über die vernünftige Gestaltung von Stellenanzeigen veröffentlicht werden. Viel besser als manche Bewerbungen sind in der Tat auch manche Stellenanzeigen nicht. Vielleicht sieht hier auch mancher Verantwortliche einmal, was Leser (also potentielle Bewerber) nach dem Studium einer Stellenanzeige alles für Schlüsse ziehen und wie sie sein Unternehmen beurteilen.

Im Grunde berührt Ihre Kernfrage ein altes Thema, den Unterschied zwischen Theorie und Praxis. Ein boshafter Mensch könnte auch formulieren, man sei entweder Manager oder man schreibe Bücher darüber, das aber ginge dann doch zu weit. In jedem Fall verdeutlicht Ihre Frage, warum die Wirtschaft so ungern frischgebackene Hochschulabsolventen und so gern Ingenieure „mit drei Jahren Industriepraxis" einstellt. Weil man nämlich dann beginnt, beim Auftauchen derartiger Fragen zu lächeln – über die Bücher.

Damit wollen wir nun nicht jedem aus der Literatur kommenden „Fortschritt" das Wasser abgraben – es hat gerade zum Thema „Führung" hier in den letzten Jahren entscheidende Impulse gegeben.

Wir wollen aber doch auch eine konkrete Antwort versuchen: Angenommen, Sie als Führungskraft treten vor Ihre Mitarbeiter hin und beginnen mit Ihrer Motivationsrede – und kein Mensch hört Ihnen zu. Zwei sprechen gerade über ihr letztes Wochenende, einer sucht Zigaretten, andere verabreden sich für den Feierabend. Dann hatten Sie zwar den besten Willen – aber kein Durchsetzungsvermögen. Im anderen Fall hängen die Mitarbeiter mit ungeteilter Aufmerksamkeit an Ihren Lippen – und Ihre Motivation bekommt eine Chance.

Natürlich kann man alles auch als reine Definitionsfrage sehen. Und z. B. erklären, man müsse die Leute eben auch motivieren, einem zuzuhören. Nur – wenn Ihnen das einmal nicht gelungen ist, brauchen Sie ein zweites Mal gar nicht mehr anzutreten.

Wie wäre es überhaupt mit einem Kompromiß: Die Führungskraft muß eigene Entschlüsse oder den Willen ihrer Chefs nach unten durchsetzen – das dürfte unumstritten sein. Dazu kann sie sich durchaus (sollte sie heute sogar vorwiegend!) der Motivation bedienen. Wenn dies aber nicht funktioniert, dann muß sie noch Reserven haben, denn durchgesetzt muß werden! Man könnte also durchaus „Motivation" als eine Spielart von „Durchsetzung" ansehen, damit sind beides zumindest keine Gegensätze mehr. Eine streng wissenschaftliche Auseinandersetzung mit dem Thema ist dies nicht – mit Ihrem „Chaoten-Klub" wollten Sie so etwas aber auch wohl nicht initiieren, oder?

Frage: Ich erhielt eine Absage auf eine Bewerbung mit den Worten: „Wir bitten um Verständnis, wenn wir die Informationen, die wir über Ihre Person erhalten haben, nicht an Sie weitergeben können; denn die Vertraulichkeit muß auf jeden Fall gewahrt werden. Nehmen Sie aber bitte zur Kenntnis, daß wir eine Beschäftigung in unserem Unternehmen ablehnen müssen."

Da mir selbst über mich nichts Negatives bekannt ist, das eine derartige Absage begründen könnte, bitte ich um Antwort auf folgende Fragen:

1. Welche Firmen / öffentliche Stellen geben über Personen dererlei Auskunft bzw. sind dazu ermächtigt?

2. Wie kann ich mich vor einer Falschinformation schützen – wie in meinem Fall zutreffend?

Antwort: In jedem Fall ist die Antwort des Unternehmens nicht nur ungewöhnlich, sondern auch noch ungewöhnlich ungeschickt. Wir wagen einmal die Vermutung, es handele sich nicht um eines der ganz großen, zweifelsfrei renommierten Häuser. Denn ein solches hätte gewußt, welche komplizierten Überlegungen, Spekulationen oder sogar Ängste man mit derart geheimnisvoll-negativen Formulierungen anregt bzw. freisetzt. Grämen Sie sich also nicht allzusehr wegen der „verpaßten Chance".

Eine schlüssige Erklärung fällt uns zur Aussage der Ablehnung auch nicht ein (vielleicht hat einer unser Leser zufällig Spezial-kenntnisse). So können wir nur alle denkbaren Möglichkeiten durchgehen.

Routinemäßige Überprüfungen von Bewerbern über übliche Zeugnisanalysen hinaus gibt es z. B. bei Unternehmen der Wehrtechnik. Dies ist verständlich, niemand will und darf in die-sem Bereich Sicherheitsrisiken eingehen. Wer jedoch in diesem Metier tätig ist, hat damit langjährige Routine – und würde eine Absage „harmloser" formulieren.

Andere Institutionen, bei denen Firmen pauschal Auskunft über Bewerber einholen, sind uns nicht bekannt. Wenn es ein in der Wirtschaft übliches Standardverfahren gäbe, hätten wir davon gehört.

In Einzelfällen ist manches denkbar. Es gibt (kleinere) Unterneh-men, die von Bewerbern über die eigene Hausbank Kreditaus-künfte einholen lassen. Üblich ist dies jedoch nicht (aber viele Bewerber sammeln ihrerseits entsprechende Informationen, be-vor sie bei einer Firma den Arbeitsvertrag unterschreiben).

In Ihrem Fall kann man auch ganz einfach eine Referenz über Sie eingeholt haben, z. B. bei einem „alten" Arbeitgeber. So mancher frühere Chef formuliert mündlich (am Telefon) viel dra-stischer als im offiziellen Dokument „Zeugnis".

Abhilfe: Selbst eine maßgebliche Führungsperson in dieser Fir-ma benennen, die Auskunft über Sie geben kann. Sollten Sie fünf Jahre bei Meier & Sohn tätig gewesen sein, und drei Jahre später gibt es dort keine Führungskraft mehr, die sich positiv an Sie erinnert – dann hätten Sie es schwerer mit dem Beweis, dort brillante Leistungen gezeigt zu haben.

Ein Rat zum Abschluß: Nehmen Sie diesen Einzelfall nicht tra-gisch – geben Sie sich aber auch bitte keinen Illusionen hin. Es wäre nahezu „übermenschlich", wenn wirklich jemand sagen könnte, jede negative Aussage über ihn wäre zwangsläufig eine Falschinformation. Sie können im Berufsleben schon mit Aussicht auf Erfolg versuchen, sich die Achtung auch Ihrer Geg-ner zu bewahren. Wie aber wollen Sie etwas bewegen (solche

Leute sind gesucht), ohne sich Gegner zu schaffen? Sie dürfen nur die Übersicht nicht verlieren, wer in welches Lager gehört.

Wir sagen es an dieser Stelle gern noch einmal: Gute fachliche Leistungen allein sind für eine Karriere eine zu schmale Basis.

Vorstellungsgespräch

Frage: Meinen Bewerbungsunterlagen habe ich bisher immer einen tabellarischen Lebenslauf beigefügt, in dem ich den gesamten, den heutigen Arbeitgeber betreffenden Zeitraum „offen" gelassen habe. Gibt es bessere Formen? Wie verhalte ich mich, wenn bei Vorstellungsgesprächen nach dem derzeiten Arbeitgeber gefragt wird?

Antwort: Ihre Lösung im tabellarischen Lebenslauf ist denkbar schlecht. Gerade das, was Sie heute tun, ist für die Beurteilung Ihrer Qualifikation die zentrale Aussage. Wenn Sie hier alles „offen" lassen, riskieren Sie, als ungeeignet oder auch als arbeitslos eingestuft zu werden.

Sie dürfen durchaus in der Nennung des Arbeitsgebers im Lebenslauf ein Risiko sehen. Unser Vorschlag: Sie schreiben z. B.: „Seit dem 1. 7. 1979: in einem Unternehmen mit ca. . . . Mitarbeitern (Produktionsprogramm: . . .) tätig als . . . Wesentliche Aufgaben: . . .; unterstellte Mitarbeiter . . ."

So geben Sie dem Leser die wichtigsten Informationen, ohne den Namen Ihres Arbeitgebers offenzulegen (was vielleicht etwa 50 bis 70% der Bewerber durchaus riskieren; bei Führungspositionen steigt der Prozentsatz).

Wenn man Sie dann aus 50 oder 150 Mitbewerbern für ein Vorstellungsgespräch ausgewählt hat, liegen die Dinge anders. Der mögliche neue Arbeitgeber, der ja auch prüfen will, ob sich mit Ihnen ein Vertrauensverhältnis aufbauen läßt, wird unbedingt die Offenlegung Ihres heutigen Unternehmens erwarten. Nach den ungeschriebenen Spielregeln akzeptieren Sie mit der Annahme der Einladung diese Bedingung. Sie dürfen dabei um absolute Diskretion bitten, können dann aber mit Aussicht auf Erfolg nicht weiter „geheimnisvoll" bleiben. Ihr Gesprächspartner würde dies als klaren Mißtrauensakt werten — und zumindest Sie nicht einstellen. Selbstverständlich bleibt dabei für Sie ein Restrisiko. Aber: Einmal ist in dieser Welt gar nichts ohne Risiko machbar (Sie können auch auf der Anfahrt zum Gespräch verunglücken), zum anderen versprechen Sie sich ja zum Ausgleich dafür von der neuen Position Vorteile. Da bleibt Ihnen nur die Interessenabwägung.

Leider gibt es die immer wieder gern zitierten „Vorfälle" mit vorzeitigen Rückfragen beim heutigen Arbeitgeber tatsächlich, sie sind aber statistisch nicht ins Gewicht fallend. Ein seriöses, bedeutendes Unternehmen oder ein entsprechender Personalberater wird damit nicht seinen Ruf riskieren – denn diese nicht zu verantwortenden Praktiken sprechen sich recht schnell herum. Die meisten Bewerber überschätzen übrigens den Bekanntheitsgrad des heutigen Arbeitgebers erheblich. Gelegentlich muß ein Gesprächspartner während der Vorstellung schon recht deutlich machen, daß ohne entsprechende Offenlegung keine Weiterführung des Kontaktes möglich ist. Wenn dann – endlich – der nie gehörte Name eines kleinen Hauses aus abgelegener Region fällt, hat der Bewerber häufig einige Mühe, ein Urteil in Richtung „was für ein umständlicher, komplizierter Mann – macht so ein Theater wegen dieses völlig unbekannten Betriebes" wieder gradezubiegen. Daß aus seiner Sicht manches anders aussieht, steht auf einem anderen Blatt. Der Bewerber jedoch heißt so, weil er sich bewirbt – trotz der Banalität dieser Aussage sei die Tatsache in Erinnerung gebracht. Er ist gesucht, häufig auch in Anzeigen umworben – stets aber der eine Mensch gegenüber den zehntausend, die das Unternehmen vielleicht schon hat.

Frage: Welche Gründe soll man in einem Vorstellungsgespräch für seine Entlassung nennen, wenn Antipathie des direkten Vorgesetzten und eine entsprechend schlechte Beurteilung der Hauptgrund ist?

Antwort: Wir raten Ihnen generell bei nochmaliger Würdigung der Umstände Ihrer Entlassung zu einem anderen Ergebnis zu kommen. In Ihrer Version spricht nach den üblichen Regeln alles gegen Sie. Die Geschichte mit dem „. . . bloß, weil der mich nicht leiden konnte . . ." kennt man schon von (häufig schwachen) Kindern aus der Schule, dort sind dann Lehrer gemeint.

Ein Vorgesetzter wird im Normalfall einen unbestreitbar wertvollen Mitarbeiter nicht entlassen, nur weil er ihm unsympathisch ist. Er (der Vorgesetzte) muß ja vor allem an die Leistungsfähigkeit der Abteilung denken – und seine Personalentscheidungen stets auch vor seinem Chef verantworten.

Daß eine Führungskraft gegenüber einem Mitarbeiter Abneigung empfindet, kommt ebenso häufig vor wie umgekehrt, beide müssen damit leben. Zumeist erschöpfen sich die Konsequenzen aber in nicht gewährten Beförderungen, geringeren Gehaltserhöhungen, Übertragung weniger attraktiver Aufgaben. Für den Mitarbeiter ist das ein Signal, sich entweder zu ändern, um dem Chef weniger unsympathisch zu sein (wir wissen, wie böse das klingt) oder aber sich auf dem Arbeitsmarkt einen neuen Vorgesetzten zu suchen. Meist hat ein Mitarbeiter, der aus diesen Umständen heraus entlassen wurde, vorher „zurückgeschlagen" und sich dann erst Urteile wie ungefällig, zu Trotzreaktionen neigend, nicht loyal, nicht konstruktiv, leistungsverweigernd, Überstunden ablehnend o. ä. eingehandelt – die dann durchaus zur Entlassung führen können. Aus der „passiven Schuld" des Mitarbeiters, nicht den Idealvorstellungen des Chefs entsprochen zu haben (objektiv also unschuldig zu sein), ist dann im Sinne der „Spielregeln" des Berufslebens eine aktive Schuld geworden. Das Resultat spricht dann gegen den Mitarbeiter und ist nicht pauschal durch rhetorische Finessen im Vorstellungsgespräch auszuräumen.

Damit hier keine falschen Vorstellungen aufkommen: Dieses Problem ist „menschlich" und völlig unabhängig vom „System". Auch „aktive Abneigung" gegen den 1. Sekretär des Zentralkomitees einer kommunistischen Partei dürfte die Karriere eines diesem untergeordneten Funktionärs zumeist schlagartig beenden.

Frage: Ein Stellenwechsel ist fast immer mit dem Verlust des Weihnachtsgeldes verbunden. Ist es üblich, daß der zukünftige Arbeitgeber einen Ausgleich zahlt, oder gilt dies durch das neue Gehalt als berücksichtigt? Wie könnte man in den Vertragsgesprächen diesen Punkt ansprechen?

Antwort: Ein Stellenwechsel bringt dem betroffenen Bewerber Vorteile, sonst würde er sich diesen hohen Gesamtaufwand und das damit verbundene hohe Risiko wohl ersparen. Generell gilt (diese Rubrik heißt „Karriereberatung"), daß die Vorteile, die in den Bereichen Hierarchiesprung, Verantwortungssteigerung, interessanteres Aufgabengebiet, bessere Chancen, höheres Einkommen, mehr Sicherheit u. a. m. liegen dürften, den einmaligen Verlust des ganzen oder anteiligen Weihnachtsgeldes eines Jahres wohl ausgleichen.

Dennoch ist es legitim, daß der Bewerber bei der Würdigung seiner Gesamtsituation diesen (Bagatell-)Punkt mit einbezieht. Er kann dann die Vorteile des Wechsel so hoch einschätzen, daß er den Verlust selbst trägt (und insgesamt immer noch „Gewinn" macht). Er kann auch diesen Faktor dann offen ansprechen, wenn ihm sonst zuwenig an Positivem zu bleiben scheint. Recht elegant ist es hier z. B., die Gelegenheit wahrzunehmen, wenn von heutigem und neuem Gehalt die Rede ist. Die Bemerkung „. . . und dann verliere ich bei meinem heutigen Arbeitgeber noch das Weihnachtsgeld von ca. . . . DM durch den Wechsel" könnte als „neutrale Aussage" eingebracht werden, ohne gleich konkrete Forderungen stellen zu müssen. Alle Personalchefs kennen das Problem — manche Firmen bieten in Stellenanzeigen schon von sich aus Lösungen an.

Verhandlungstaktisch gilt, erst einmal die „Gegenseite" Interesse an der eigenen Person gewinnen zu lassen, dann erst mit evtl. speziellen Wünschen und Forderungen zu kommen. Diese können zwar ein entstandenes Interesse auch wieder reduzieren, dennoch ist die Chance auf Durchsetzung einer Ausgleichszahlung größer, wenn nicht gleich das Gespräch eröffnet wird mit: „. . . freue ich mich über die Einladung, im übrigen möchte ich gern meinen Weihnachtsgeldverlust ausgeglichen haben".

Ein Vorschlag: Führt die Bewerbung zu einem **echten Karrierefortschritt** in einem namhaften Unternehmen, dann mag man an das Weihnachtsgeld denken, spricht aber nicht darüber. Handelt es sich um einen Wechsel von einer Tarifanstellung zur nächsten auf ähnlichem Niveau, darf die Frage des Weihnachtsgeldes ganz offen angesprochen werden.

Für den neuen Arbeitgeber hat diese ganze Geschichte noch einen personalpolitisch unangenehmen Nebeneffekt, der manchen Personalleiter das Handeln erschwert: Erst bindet diese Firma das Weihnachtsgeld ihrer eigenen Mitarbeiter an gewisse Dienstzeiten, um Betriebstreue zu „fördern" – dann setzt man sich fröhlich über dieses Prinzip hinweg, indem man Bewerbern aus fremden Firmen entsprechende Nachteile abgilt und sie zu „problemlosem Wechsel" animiert. Im Klartext: Wenn alle Firmen allen Bewerbern alle Verluste erstatten, ist es sinnlos, Weihnachtsgeld an Betriebstreue zu binden. Da man aber vielfach dieses Prinzip nicht einfach aufgeben will, ruft dieses Thema schon einmal „seelische Bauchschmerzen" hervor. Dafür können Sie nichts, aber Sie sollten einfach auch die Situation Ihres Verhandlungspartners kennen.

„Chef-Probleme" (Verhältnis zum Vorgesetzten)

Frage: Ich bin Fertigungsplaner in der AV. Unsere Abteilung arbeitet an einem Projekt, das wesentlichen Einfluß auf die Wettbewerbsfähigkeit des Unternehmens haben wird. Mein Vorgesetzter macht in meinen Augen klare, beweisbare Fehler, die viel Geld kosten werden. Er reagiert auf meine Argumente nicht. Ich überlege, den nächsthöheren Chef um ein vertrauliches Gespräch zu bitten. Bin ich nicht verpflichtet, „Schaden vom Unternehmen abzuwenden"?

Antwort: Sie zitieren zwar hier aus dem Diensteid des Bundeskanzlers, aber zumindest eine moralische Verpflichtung zum Handeln haben Sie schon. So richtig erfreulich ist jedoch keine der möglichen Alternativen für Sie. Mit Ihrem „Fall" sind Sie an die Grenzen unseres Führungssystems gestoßen, das durch derartige Situationen fast schon überfordert wird. Nicht weil dieses System nicht gut genug wäre, sondern weil es um Menschen geht, die sich nicht so rational bewegen und benehmen, wie es vielleicht wünschenswert wäre.

Also: Sie können natürlich das Gespräch mit dem nächsthöheren Chef suchen. Der wird Ihnen den Dank des Unternehmens aussprechen – und nie (!) vergessen, daß er in Ihnen einen Mitarbeiter hat, der dazu neigt, über den Kopf eines Vorgesetzten hinweg „weiter oben" vorstellig zu werden. Wer garantiert ihm, daß Sie nicht eines Tages bei der Geschäftsleitung vorsprechen, um nunmehr ihn in Mißkredit zu bringen? Ihren unmittelbaren Vorgesetzten können Sie nach einer solchen Aktion ohnehin fast als „Todfeind" einplanen.

Sie können natürlich auch Ihrem Vorgesetzten gegenüber in einer Notiz schriftlich Ihre Bedenken festhalten. Dann haben Sie in jedem Fall Ihre Pflicht getan – und die Zahl Ihrer „Feinde" gegenüber der ersten Variante halbiert.

Sie sollten in jedem Fall versuchen, in einem speziell dafür anberaumten Gespräch Ihrem Vorgesetzten noch einmal in aller

Eindringlichkeit Ihre Bedenken (und Ihre daraus resultierenden Sorgen und Nöte) vorzutragen und Ihre Vermutungen zu beweisen. Wenn Sie dabei nicht rechthaberisch auftreten, keinerlei Drohungen ausstoßen und ihm taktisch die Gelegenheit geben, sein „Gesicht zu wahren" – dann haben Sie keinen weiteren Grund zu Gewissensbissen. Wenn Ihr Vorgesetzter ein vernünftiger Mann ist, wird er Ihren ruhig vorgetragenen Bedenken mit großem Ernst begegnen. Wenn nicht – dann sollten Sie überlegen, ob nicht auf Dauer ein Vorgesetzten-(z. B. Firmen-)Wechsel für Sie die bessere Lösung wäre.

Was Sie in keinem Fall tun sollten: Ihre Kollegen über die „Ungeheuerlichkeit" zu informieren, eindringliche Briefe „nach oben" zu schreiben oder sonst für „Aufruhr" zu sorgen.

Ein Tip zum Abschluß: Es ist möglich, seinen Vorgesetzten „abzuschießen". So gut wie nie allerdings wird der „Schütze" damit langfristig glücklich.

Frage: Ich bin seit 1,5 Jahren Entwicklungsingenieur, es ist meine erste Stellung. Das Betriebsklima leidet unter den Trotzreaktionen und fehlender Rücksichtnahme des Chefs, der zusätzlich eigene Fehlentscheidungen auf die Angestellten abwälzt. Ist es ratsam, sich nach so kurzer Tätigkeit um einen Wechsel zu bemühen? Darf ich bei Bewerbungsgesprächen auf die Differenzen mit dem Arbeitgeber eingehen? Wie kann ich mich gegen ein voraussichtlich schlechtes, nicht meinen Leistungen entsprechendes Zeugnis wehren?

Antwort: Lösen, indem wir aus der Entfernung, ohne Kenntnis der handelnden Personen und mit nur einseitigen Informationen versehen, die allein richtige Verhaltensweise anraten, können wir Ihr Problem praktisch nicht. Wer aber damit unsere „Karriereberatung" am Ende glaubt, irrt.

Zunächst einmal bedienen wir uns moderner Argumentationsmethoden: Wir leugnen Ihr Problem oder – moderner – wir stellen es in Frage. Wenn uns jetzt noch der „Beweis" dafür gelingt, daß Ihre Schwierigkeiten so vermutlich gar nicht existieren, sind wir sicher auch im Interesse unserer Leser in ähnlichen Situationen einen großen Schritt weiter.

Ausgangspunkt ist Ihre Berufspraxis. Immer wieder fordert die Wirtschaft in Anzeigen auch von jungen Ingenieuren „einige Jahre" Berufspraxis. Dahinter stehen viel weniger fachliche als Persönlichkeits-Aspekte. Lebenserfahrung erst bringt Urteilsvermögen – und auch das Recht, Menschen und Situationen einzustufen und Lob und Tadel zu verteilen. 1,5 Jahre nach dem Studium reichen nach gängiger Meinung nicht aus, die hier erforderliche Reife zu erwerben.

Alles, was im Augenblick an Aussagen zu Ihrem Thema vorhanden ist, sind Behauptungen eines dafür viel zu jungen Menschen. Damit liegt im Hinblick auf die Situation in Ihrem Hause eher die Vermutung auf der Hand, mangels fundierter Urteilskraft wurde hier ein nicht ganz spannungsfreies Verhältnis unnötig aufgebauscht. Sie steigern sich vielleicht selbst in eine gewisse Panikstimmung hinein (oder lassen sich von Kollegen hineinziehen) – die alles nur noch schlimmer macht.

Selbst wenn Ihnen unsere Argumentation nicht gefällt: Sie sind Ihre einzige reale Chance. Bei jeder anderen Betrachtungsweise lassen Sie „Federn" – und Ihren Interessen soll diese Beratung ja dienen.

Selbstverständlich gibt es Fälle wie den von Ihnen geschilderten. Aber als Beweis dafür wäre Urteilsvermögen nötig, das Sie noch gar nicht haben können.

Unser Wirtschafts- und Führungssystem funktioniert nach gewissen Regeln, die im Studium nicht behandelt werden. Sie bemängeln „fehlende Rücksichtnahme" Ihres Chefs. Wo ist dafür der Maßstab? Ein erfahrener, selbst führungserfahrener Mann von 40 wird seinem Vorgesetzten ggf. alles mögliche vorwerfen, auf nicht optimale „Rücksichtnahme" wird er dabei kaum vorrangig kommen. Gerade im Alltag eines vermutlich kleinen, jederzeit um seine Existenz kämpfenden Unternehmens, „auf das am Markt auch niemand Rücksicht nimmt" (so vielleicht Ihr Chef), ist manchmal wenig Raum für entsprechende Verhaltensweisen – die noch dazu stets der individuellen Interpretation unterliegen.

Sie bemängeln „Trotzreaktionen". Ist da von einem ungezogenen Kleinkind die Rede? Irgendwo muß doch auch ihr Chef Fähigkeiten erkennen lassen, die ihn in die heutige Position gebracht haben.

Lassen Sie also „die Kirche im Dorf" und suchen Sie nach Möglichkeit einen ganz anderen Standpunkt für Ihre eigene Beurteilung der Situation. Vielleicht sind Sie auch ganz einfach in einem – verständlichen – Umorientierungsprozeß begriffen, in dem Ihnen der Abschied von romantischen studentischen Vorstellungen über den harten Erwerbsprozeß schwerfällt? Sie wissen ja noch gar nicht, ob Sie eine Person (Ihren Chef) verurteilen oder ob Sie unser gesamtes Wirtschafts- und Erwerbssystem angreifen. Im Klartext: Vielleicht ist es in anderen Unternehmen ähnlich – Sie wissen es bloß noch nicht. Vergessen Sie auch nicht, daß so mancher arbeitslose Absolvent froh wäre, wenigstens Ihren Chef zu haben.

Und noch etwas: Wessen Qualitäten, Situationen vorausschauend zu bewerten, Menschen zu beurteilen und Gegebenheiten einzuschätzen, stehen hier eigentlich zur Debatte? Sie haben dort doch wohl freiwillig einen Vertrag unterschrieben. Möchten Sie sich jetzt das Attribut „mangelndes Urteilsvermögen" umhängen? Sagen Sie bitte auch nicht, dazu seien Sie noch zu unerfahren. Eben fühlten Sie sich noch erfahren genug, eine komplexe Führungssituation mit harten Worten zweifelsfrei einzustufen.

Zum Abschluß: Gegen ein „zu schlechtes" Zeugnis kann man klagen. Aber manche „neuen" Arbeitgeber mögen Mitarbeiter für verantwortliche Funktionen gar nicht, die mit früheren Firmen gerichtliche Auseinandersetzungen hatten. Sie kommen also aus dem Regen in die Traufe. Wir haben es an anderer Stelle schon gesagt: Mit Rechtsmitteln können sie nicht Karriere machen.

Diese – bewußt „hart" formulierten – Aussagen richten sich gezielt an den Berufsanfänger. Sie sollen Denkanstöße geben, daher die plakativen Aussagen. Erschöpft ist das Thema damit nicht, die totale Anpassung wird damit auch nicht gepredigt – eher das flexible, taktisch geschickte Reagieren in Situationen aller Art.

Ein wenig haben wir auch die Hoffnung, der eine oder andere Chef möge das lesen. Und sich natürlich beileibe nicht wiedererkennen – aber doch einmal überlegen, ob man nicht gerade auf junge Absolventen noch gezielter eingehen, ihnen vor allem Entscheidungen begründen und erläutern sollte. Ein wenig Rückblick auf die eigene „Sturm- und Drangzeit" wäre sicher hilfreich.

Frage: Ich suche Maßstäbe für die gängige Art und Weise, wie man in Firmen miteinander umgeht. Mir kommt das Verhalten von Führungskräften, mit denen ich auskommen muß, „wüst" und „erpresserisch" vor. Es fallen Ausdrücke wie „Depp", „Idiot" und noch eigenartigere Bezeichnungen sowohl für Kunden als auch für eigene Mitarbeiter. Ist das ein gängiges Verhalten? Welche Schlüsse soll ich daraus ziehen?

Antwort: „Anständiger Mensch, Kunde von mir", so beschrieb ohne jeglichen ironischen Hintergrund der klassische deutsche Unternehmer früherer Tage einen Mann, von dem er lebte. Unterstellen wir einmal, Sie hätten exakt zitiert, dann ist in Ihrem Fall doch Anlaß zu allergrößten Bedenken gegeben. Wenn Kunden bei Ihnen so wie dargestellt betitelt werden (auch wenn es bisher wohl noch hinter ihrem Rücken geschieht), dann hat das Unternehmen keine große Zukunft – Sie sollten sich schon aus diesem Grunde die Stellenanzeigen sorgfältig ansehen. Ihr Arbeitgeber sägt offenbar an dem Ast, auf dem er selbst noch sitzt.

Was den internen Umgangston angeht: Üblich ist so etwas in unseren Unternehmen nicht – kommt aber als „Ausrutscher" in extremen Situationen gerade in kleineren Firmen sicher auch einmal vor. Absolut zu verlangen ist, daß sich eine Führungskraft so im Zaum hat, daß sie sich beherrscht. Unabdingbar ist natürlich, daß sie sich für eine solche Entgleisung entschuldigt.

In einem modernen Großunternehmen müßte ein Manager, der sich eines entsprechenden Stils bedient, durchaus mit Konsequenzen rechnen.

Gravierend ist übrigens nicht, daß in Ihrem Haus so gesprochen wird, sondern daß offenbar höchst „offiziell" der Mitarbeiter so eingestuft wird. Wieso beschäftigt dieses Unternehmen eigentlich „Idioten" – für die eigene Qualität der Chefs spricht das ja auch nicht gerade, wenn man sich mit „solchen" Mitarbeitern zufriedengibt.

Falls Sie sich dann wirklich bewerben: Kein besonders attraktives Argument in Vorstellungsgesprächen ist die Begründung, man wolle wegen der Bezeichnung „Depp" den Arbeitgeber wechseln. Erstens redet man nicht schlecht über bisherige Chefs, zweitens darf man keine „Betriebsgeheimnisse" verraten (ein „spezieller" Führungsstil könnte dazugehören), und drittens ist man nie sicher, ob der „neue" Chef nicht dem Gedanken nachsinnt, es gebe ja nun wirklich Mitarbeiter . . .

Frage: Welche Gründe soll man in einem Vorstellungsgespräch für seine Entlassung nennen, wenn Antipathie des direkten Vorgesetzten und eine entsprechend schlechte Beurteilung der Hauptgrund ist?

Antwort: Wir raten Ihnen generell, bei nochmaliger Würdigung der Umstände Ihrer Entlassung zu einem anderen Ergebnis zukommen. In Ihrer Version spricht nach den üblichen Regeln alles gegen Sie. Die Geschichte mit dem „. . . bloß, weil der mich nicht leiden konnte . . ." kennt man schon von (häufig schwachen) Kindern aus der Schule, dort sind dann Lehrer gemeint.

Ein Vorgesetzter wird im Normalfall einen unbestreitbar wertvollen Mitarbeiter nicht entlassen, nur weil er ihm unsympathisch ist. Er (der Vorgesetzte) muß ja vor allem an die Leistungsfähigkeit der Abteilung denken – und seine Personalentscheidungen stets auch vor seinem Chef verantworten.

Daß eine Führungskraft gegenüber einem Mitarbeiter Abneigung empfindet, kommt ebenso häufig vor wie umgekehrt, beide müssen damit leben. Zumeist erschöpfen sich die Konsequenzen aber in nicht gewährten Beförderungen, geringeren Gehaltserhöhungen, Übertragung weniger attraktiver Aufgaben. Für den Mitarbeiter ist das ein Signal, sich entweder zu ändern, um dem Chef weniger unsympathisch zu sein (wir wissen, wie böse das klingt) oder aber sich auf dem Arbeitsmarkt einen neuen Vorgesetzten zu suchen. Meist hat ein Mitarbeiter, der aus diesen Umständen heraus entlassen wurde, vorher „zurückgeschlagen" und sich dann erst Urteile wie ungefällig, zu Trotzreaktionen neigend, nicht loyal, nicht konstruktiv, leistungsverweigernd, Überstunden ablehnend o. ä. eingehandelt – die dann durchaus zur Entlassung führen können. Aus der „passiven Schuld" des Mitarbeiters, nicht den Idealvorstellungen des Chefs entsprochen zu haben (objektiv also unschuldig zu sein), ist dann im Sinne der „Spielregeln" des Berufslebens eine aktive Schuld geworden. Das Resultat spricht dann gegen den Mitarbeiter und ist nicht pauschal durch rhetorische Finessen im Vorstellungsgespräch auszuräumen.

Damit hier keine falschen Vorstellungen aufkommen: Dieses Problem ist „menschlich" und völlig unabhängig vom „System". Auch „aktive Abneigung" gegen den 1. Sekretär des Zentralkomitees einer kommunistischen Partei dürfte die Karriere eines diesem untergeordneten Funktionärs zumeist schlagartig beenden.

Einschätzen der eigenen Leistung

Frage: Ich bin 31, Dipl.-Ingenieur der Fachrichtung Fertigungstechnik. Mein Berufsziel ist Produktionsleiter. Seit fast fünf Jahren bin ich Betriebsassistent in einem Großunternehmen. Wenn ich nicht bald Betriebsleiter werde, will ich kündigen. Richtig?

Antwort: Vielleicht. Sie haben ein Ziel, das ist schon sehr viel wert. Es erleichtert Ihnen die konkrete eigene Laufbahnplanung (was davon nicht erfüllt wird, geht auf das Konto „so ist das Leben"). Ihre Überlegungen sind im Ansatz richtig; Sie brauchen in nächster Zeit die klare Chance, Führungsverantwortung zu übernehmen und sich in diesem wichtigen Bereich zu bewähren. Nur scheinen Sie die „Schuld" allein bei Ihrem heutigen Unternehmen zu suchen, das Sie mit der Kündigung „bestrafen" wollen. Was wir vermissen, ist zumindest ein Ansatz zur Selbstkritik.

Um mit einer weit verbreiteten falschen Vorstellung aufzuräumen: Durchaus nicht alle „nicht beförderten" Mitarbeiter erleiden dieses Schicksal aus reiner Arbeitgeberwillkür oder weil entsprechende Positionen nicht frei sind. Manchmal kommt ein Unternehmen auch zu dem Schluß, der betroffene Mitarbeiter sei „noch nicht so weit" oder überhaupt „unqualifiziert" für den nächsten Schritt.

Versuchen Sie also, die Ursachen für Ihr Problem zu erforschen. Da Sie von „über 10 000 Mitarbeitern" in Ihrem Unternehmen sprechen, kann es generell an den Chancen nicht liegen. Prüfen Sie zunächst, ob es dort jüngere oder gleichaltrige Betriebsleiter gibt, ob jemand mit weniger Dienstjahren vor Ihnen befördert wurde. Beides wären deutliche Alarmsignale (noch keine Beweise).

Überlegen Sie vor allem, ob Ihr Vorgesetzter sich in den letzten Jahren häufig zufrieden oder lobend über Sie geäußert hat oder ob er nicht durchaus öfter Vorbehalte geltend gemacht hat (die Sie vielleicht in der Bedeutung unterschätzen).

Drücken wir es einmal so aus: Wenn es in einem gut geführten

Unternehmen einen „hoffnungsvollen jungen Mann" gibt, der einhellig gut beurteilt wird, dem man Potential für höherwertige Aufgaben zutraut, für den nur „im Augenblick" keine passende Position vorhanden ist – dann weiß das der Betroffene. Man läßt ihn die positive Einschätzung spüren, vermittelt ihm Lob und Anerkennung und versucht alles, ihn von vorschnellen Kündigungen abzuhalten. Fragen Sie sich bitte in erster Linie, warum Ihr Unternehmen das bei Ihnen nicht getan hat – und suchen Sie erst danach die Ursachen in dem „unmöglichen Führungsstil". Den gibt es natürlich auch. Aber bleiben Sie realistisch: Eben noch hätten Sie liebend gern eine Beförderung durch dieses Haus akzeptiert, Sie können nicht kurz darauf zu der Erkenntnis „Saftladen" kommen. Oder hätten Sie etwa Betriebsleiter eines Saftladens werden wollen?

Suchen Sie das vertrauensvolle Gespräch mit Ihrem Vorgesetzten – ein entsprechend gutes Verhältnis sollten Sie als ambitionierter Nachwuchsmann ohnehin haben. Bitten Sie ihn – ohne Kündigungsandrohung oder auch nur Bezug auf das Thema „Beförderung" – um ein Kritikgespräch. Hören Sie ihm aufmerksam zu. Vielleicht lohnt es sich.

Frage: Welche Maßstäbe verwendet voraussichtlich die Geschäftsleitung als maßgebende Stelle für Gehaltserhöhungen, und welche Maßstäbe kann ich zu meiner Leistungsbeurteilung selbst anwenden?

Antwort: Wir finden diese Frage in zweifacher Hinsicht interessant. Hier wird nicht nur ein „brennendes" Thema angesprochen, hier wird auch ein Denkansatz deutlich, den andere Fragesteller leider so oft vermissen lassen. Häufig beginnen Anfragen mit der Feststellung, man sei eindeutig „unterbezahlt" (nach eigenen Maßstäben selbstverständlich) und suche nun nach Möglichkeiten, sich dagegen „zu wehren".

Ausgangspunkt aller Überlegungen der Unternehmensleitung bei Gehaltserhöhungen ist die Leistung des Angestellten. Weiterhin spielen verschiedene andere Komponenten hinein. Außerdem ist „Leistung" Definitionssache.

Präzisieren wir die Situation der über Gehaltserhöhungen entscheidenden Führungskraft. Sie verantwortet zunächst ein bestimmtes Personalkostenbudget (stark vereinfacht: Summe der Gehälter aller unterstellten Mitarbeiter). Darin ist zumeist auch ein Betrag enthalten, der für Gehaltserhöhungen zur Verfügung steht. Die Frage lautet nun: Wer von meinen Mitarbeitern bekommt wieviel von dem „Gehaltserhöhungskuchen" ab?

Die Antwort darauf wird unter mehreren Gesichtspunkten getroffen. Zunächst einmal (Nr. 1) ist da die Aufgabenstellung, die der Führungskraft für ihren Bereich vorgegeben ist (oder die sie sich – als Inhaber, z. B. – selbst stellt). Eine bestimmte „Bereichsleistung" muß erbracht werden; welcher Mitarbeiter daran besonderen Anteil hat, ist besonders wertvoll, wird bevorzugt belohnt werden.

Dann (Nr. 2) überlegt die Führungskraft, wie groß das Risiko ist, den einzelnen Mitarbeiter zu verlieren. Er könnte ja zu einem besser bezahlenden Unternehmen abwandern. Diese Überlegung kann von der ersten unabhängig sein – selbst einen „mittelmäßigen" Mann zu verlieren, gilt dann als Verlust, wenn ein neuer im Augenblick kaum zu bekommen ist.

Spätestens an dritter Stelle (Nr. 3) aber ist die Führungskraft auch Mensch. Sie findet manchen Mitarbeiter einfach sympathischer als andere, arbeitet lieber mit ihm als mit den Kollegen, fühlt sich „verstanden" usw. Hier hinein fällt auch, daß mancher Mitarbeiter eher bereit ist, auch unangenehmen Bitten des Vorgesetzten zu folgen (Überstunden, Wochenendarbeit etc.), ein anderer dagegen stets Hilfsbereitschaft und Entgegenkommen vermissen läßt, nur auf seine „Rechte" pocht usw. Vielleicht ist auch die Führungskraft ein schwacher Mensch. Dann bekommt am meisten, wer am lautesten schreit (Vorsicht, Fehleinschätzungen sind höchst gefährlich).

Auch nicht unwichtig ist die Firmengröße. Die Vergleichbarkeit der Gehälter (Nr. 4) spielt in größeren Unternehmen eine bedeutende Rolle. „Ich gönne Ihnen persönliche jede Erhöhung, kann Sie aber nicht beliebig besser als mit ähnlichen Aufgaben betraute Kollegen bezahlen" ist ein gravierendes Argument. Hinzu kommen Vergleiche mit Nachbarabteilungen, die nach den üblichen Regeln auch keine größeren Abweichungen ergeben dürfen.

Nicht unvergessen bleiben darf die Rubrik „Sonstiges" (Nr. 5). Ein Mitarbeiter kann nach Nr. 1 – 3 brillant sein, aber gerade darin sieht der Chef vielleicht eine Gefahr für seinen eigenen Stuhl. Oder die Führungskraft hat sich erpreßt gefühlt von einem Angestellten, der im vorigen Jahr gedroht hat, er werde „die Klamotten hinwerfen, wenn . . .". Damals bekam er seinen Willen, aber vergessen wird so etwas nie. (Eine Aufzählung unter „Sonstiges" wird nicht vollzählig sein können.) Manche Firmen haben auch komplizierte Personalbeurteilungssysteme, die aber auch nur auf Prinzipien der hier genannten Art basieren.

In Summe aller Fakten und Zusammenhänge und um auch den zweiten Teil Ihrer Frage zu beantworten, kann folgendes gelten: Das Unternehmen zahlt Ihr Gehalt (und vergibt Erhöhungen), es stellt auf der anderen Seite bestimmte Anforderungen an Sie. Beide Entscheidungsfelder – was Sie tun sollen und wie-viel Sie dafür an Gehalt bekommen – sind in bestimmten Gren-zen an Ihren direkten Vorgesetzten delegiert. Er ist „Dreh- und Angelpunkt" Ihrer Überlegungen. Fragen Sie sich also gar nicht erst, welche Leistungen Sie wohl erbringen, sondern erweitern Sie diese Frage gleich: Wie sehe ich nach den Maßstäben der obigen Kriterien Nr. 1 – 5 in den Augen meines Vorgesetzten aus, welchen Einzel- und Gesamteindruck hat er demnach wohl von mir? Bringen Sie dabei soviel Selbstkritik wie möglich auf.

Als „Hilfsargument" kann dabei Ihre Meinung über ihn gelten. Wenn Sie überzeugt sind, er treffe laufend Fehlentscheidungen sachlicher und/oder personeller Art, sei bösartig, unfähig oder sonst negativ zu beurteilen – wird er letztlich auch nicht viel mehr von Ihnen halten. Die Lebenserfahrung lehrt das; positive Urteile von Partnern übereinander sind ebenso häufig wie ne-gative. „Griffiger" formuliert: Ihr Chef denkt über Sie wie Sie über ihn – womit Sie klar im Nachteil wären.

Frage: Wie komme ich an Informationen über Gehälter für In-genieure? Wie kann ich realistisch mein maximal erreichbares Gehalt in der „Freien Wirtschaft" ermitteln?

Antwort: Die Anfragen zu diesem Thema häufen sich. Das Inter-esse daran ist wohl auch verständlich.

Gehen wir einmal der Reihe nach vor. Für den Berufsanfänger sollte diese Frage noch ziemlich unwichtig sein. Die Startposi-tion (Aufgabe und Unternehmen) hat entscheidenden Einfluß. Fragen Sie heute einmal erfolgreiche Führungskräfte nach der Bedeutung, die das Gehalt in der ersten Stelle nach dem Stu-dium aus heutiger Sicht hatte. Dennoch wird der Ehrgeiz von Studenten nicht auszurotten sein, miteinander um das höchste Einstellgehalt zu wetteifern. Die Forderung des jungen Anfän-gers hat ohnehin kaum eine besondere Bedeutung – alle größe-ren Unternehmen haben klare interne Richtlinien für Einstellge-hälter von Berufsanfängern, die durchweg ziemlich „bundeseinheitlich" sind. Man wird Ihnen eine wesentlich höhere Forderung kaum erfüllen, man wird Sie höchstens für „unverschämt" halten – und einen Mitbewerber einstellen. Mit der Formulierung, man strebe das „übliche Gehalt für Jungingenieure" an, liegt man schon richtig.

Die nächsten Jahre prägt der „Tarifvertrag", der für Ihren Arbeitgeber gilt (und regelmäßig mit den Gewerkschaften neu ausgehandelt wird), das Einkommen des jungen Ingénieurs, der nun kein „Jungingenieur" mehr ist. Selbst wenn für Ihr Unternehmen kein Tarifvertrag gilt, können Sie sich ein solches Vertragswerk beschaffen. Die dort enthaltenen Einstufungen und detaillierten Monatsbezüge geben zumindest Anhaltspunkte (sind dann aber nicht als Verhandlungsargument gegenüber Ihrem Unternehmen geeignet).

Spätestens mit umfassenden Führungsaufgaben wächst man dann aus dem Tarifbereich hinaus und wird „außertariflicher Angestellter" – die Gehälter werden dann frei vereinbart. Nur noch der „Marktwert", die Leistung, die Branche, die Region, die wirtschaftliche Situation des Unternehmens, die Höhe des Einkommens von Vorgesetzten und Kollegen bestimmen die eigenen Bezüge.

Jedes gut geführte Unternehmen wird auf eine ausgewogene Gehaltspolitik achten. Dazu gehört auch, die Bezüge der dort angestellten Ingenieure immer wieder von sich aus zu überprüfen, auf „ausgewogene" interne Relationen zu achten usw. Letztlich ist der Arbeitgeber niemals daran interessiert, eine(n) „gute(n)" Mitarbeiter(in) so schlecht zu bezahlen, daß dieser wertvolle Mann (oder Frau) jeden Tag der Versuchung eines Firmenwechsels unterliegen könnte. Und sehr viel mehr als der Wettbewerb kann auch kein Unternehmen zahlen. Der heute sehr transparente Markt, auf dem man seine Produkte verkaufen muß, läßt nur geringen Spielraum für völlig „ausgefallene" Personalkostenstrukturen. Fachleute berichten übereinstimmend, daß bei Bewerbungen auf Standardpositionen kaum Extremwerte im Gehaltsbereich vorkommen. Meist paßt der laut Anforderungsprofil optimale Bewerber auch recht gut in den vorgesehenen Gehaltsrahmen. Dies alles gilt für Ist-Einkommen. Unrealistische Forderungen gibt es durchaus.

Basis für Gehaltswünsche beim Firmenwechsel sollte in erster Linie das heutige Gehalt sein (der neue Arbeitgeber wird ohnehin danach fragen). Eine Steigerung um zehn Prozent gilt als problemlos, fünfzehn Prozent plus sind schon ein guter Wert – ab zwanzig Prozent weigern sich viele Unternehmen, auch wenn der absolut geforderte Betrag akzeptabel wäre.

Wirklich brauchbare Vergleichszahlen gibt es nicht. Dazu sind auch die Umstände im Einzelfall zu verschieden. Je größer Ihr Unternehmen, desto wahrscheinlicher ist Ihr Gehalt „marktgerecht". Seien Sie stets vorsichtig, sich „unterbezahlt" zu fühlen. Unternehmen lassen nur Mitarbeiter im Gehaltsniveau absinken (wenn dies überhaupt feststellbar ist), die sie weniger gut beurteilen. Die Gründe dafür können für Sie „lebenswichtig" sein – das Gehalt ist dann nur ein Symptom.

Viel interessanter ist also, welche Position Sie erreichen können – mit der wird dann auch ein angemessenes Gehalt verbunden sein. Viele Unternehmen bemängeln übrigens, die meisten Diskussionen über Gehälter bei Einstellungen oder auch bei internen Gesprächen hätten sie bei den eher „schwächeren" Mitarbeitern. Hier kämen besonders häufig unrealistische Forderungen vor; die Bereitschaft, bestimmte „Belastungen" des eigenen Werdeganges durch schlechtere Zeugnisse, häufige Wechsel, bereits gekündigtes Arbeitsverhältnis o. ä., selbstkritisch einzugestehen, sei dagegen leider besonders gering.

Ein wichtiger Anhaltspunkt für Gehaltsfragen sind Stellenanzeigen. Dort sind zwar fast nie Gehälter exakt genannt, häufig gibt es jedoch Anhaltspunkte. Und wenn Sie alle paar Jahre eine für Sie besonders interessante Position auswählen und zumindest telefonischen Kontakt mit dem inserierenden Personalchef oder Berater aufnehmen, können Sie relativ leicht herausfinden, ob Sie mit allen Aspekten Ihres Werdeganges, zu dem auch das heutige Gehalt gehört, in „marktgängige" Vorstellungen hineinpassen.

Der wichtigste Rat für Mitarbeiter mit Gehaltsambitionen ist, sich langfristig für „höherwertige" Positionen zu qualifizieren. Gruppenleiter in der AV, Betriebsleiter, Konstruktionschefs, technische Leiter, Vertriebsdirektoren, Geschäftsführer u. a. m. sind Aufgabenstellungen, die fast immer „zufriedenstellend" honoriert werden. Die Ausbildungsbasis dafür hat jeder Ingenieur in der Tasche. Nicht jeder muß „etwas werden" wollen – wer aber Spitzengehälter anstrebt, sollte diesen Weg ins Auge fassen. Konsequent handelt erst, wer „Ehrgeiz" und „finanzielles Anspruchsdenken" gleichermaßen ablehnt. In einer Rubrik „Karriereberatung" müssen solche Argumente erlaubt sein.

Frage: Am Tage nach einem Vorstellungsgespräch rief ich den zuständigen Herrn beim möglichen neuen Arbeitgeber an und erklärte, ich sei bereit, auf erhebliche Teile meiner ursprünglichen Gehaltsforderung und auf bestimmte Urlaubsansprüche zu verzichten. Nach zwei Tagen erhielt ich die Absage. Wie viele Zugeständnisse kann man machen, ohne sich zu disqualifizieren?

Antwort: Wer in solchen Fragen so verhandelt, muß mit diesem Mißerfolg rechnen. „Handeln" um Rabatte u. ä. bei Teppichen, Autos oder sonstigen Produkten mag durchaus auch einmal zu Auseinandersetzungen führen, geht aber von einer völlig anderen Situation aus: Wenn man sich endlich einig ist, hat der Käufer sein „Objekt" erworben und ist – vermutlich – mit dem Preis zufrieden. Ob er den Verkäufer anschließend hoch oder gar nicht schätzt, ob der ihm nun imponiert hat oder nicht, ist vergleichsweise unwichtig.

Anders in Ihrem Fall: Hier sind „Verkäufer" und „Produkt" identisch. Wer erst 4800,– DM für etwas haben will und dann vielleicht mit 4200,– DM (z. B. Monatsgehalt) zufrieden ist, kann folgende Reaktionen bzw. Überlegungen auslösen:

a) Da kann man einmal sehen – dieser Mann hat es doch tatsächlich versucht! Das ist also ein Mensch, der von uns im

Jahr 600,– DM × 12 = 7200,– DM mehr haben wollte als nötig war. Wenn das ein Lieferant für irgendwelche Waren oder Leistungen mit uns versucht, fliegt er raus.

b) Wir suchen einen Mitarbeiter, zu dem wir Vertrauen haben können. Also wollen wir nicht bei jedem Gespräch, das sich im Laufe der nächsten Jahre ergibt, erst einmal „abklopfen" müssen, was dieser Mann nun wirklich will und was er „zunächst einmal" fordert. Dahinter steckt ein wenig der alten „Ein-Mann-ein-Wort"-Philosophie.

c) Schwach ist dieser Mann. Erst stellt er hohe Forderungen, dann kommen ihm Bedenken. „Angst vor der eigenen Courage", keine Nerven, kein Stehvermögen – alles keine Empfehlungen für einen qualifizierten, aufstiegsorientierten („Karriereberatung" heißt diese Rubrik) Mitarbeiter.

Empfehlung: Forderungen sehr sorgfältig überlegen, bei Bewerbungen ist das letzte Einkommen wichtige Orientierungsbasis. Wenn die „Gegenseite" im Prinzip den Mann will, aber das geforderte Gehalt nicht zahlen möchte, läßt sie das schon erkennen – und bringt ihrerseits Gegenvorschläge. Vertragsabschlüsse zu Bedingungen, die deutlich (mehr als 10%) unter der ursprünglichen Bewerberforderung liegen, sind selten. Erlaubter Kompromiß: gegenüber der Forderung reduziertes Einstellgehalt, aber vereinbarte Erhöhung nach 6 oder 12 Monaten; weniger Gehalt – größerer Dienstwagen; geringeres Fixgehalt – höherer variabler Anteil (Tantieme) usw.

Letztlich muß man hier – wie stets im Leben – Prioritäten setzen. Will ein Bewerber aus guten Gründen diese eine Position unbedingt haben, darf er dieses Ziel nicht durch andere Forderungen gefährden, die in der Rangfolge erst an zweiter oder dritter Stelle kommen. Hier könnte dann z. B. eine Gehaltsforderung angebracht sein, die als Einstieg das heutige Einkommen ohne Aufschlag vorsieht.

Firmentreue/Wechselhäufigkeit

Frage: Bisher ging ich davon aus, Firmentreue — also langjährige Betriebszugehörigkeit — sei positiv. Seit ca. 14 Jahren bin ich bei meinem heutigen (und einzigen) Arbeitgeber beschäftigt, habe mich nun aber zu einem Wechsel entschlossen. Aus den Reaktionen auf meine Bewerbungen schließe ich, daß plötzlich die Firmentreue als Nachteil gilt.

Antwort: Bis auf das Wort „plötzlich" ist Ihre Annahme richtig, hier könnte durchaus ein Grund liegen. Wir wiederholen immer wieder, daß es im gesamten Bereich „Karriere/Bewerbung" keine Geheimtips gibt, sondern alle Entscheidungsprozesse logisch aufgebaut und für jeden nachvollziehbar sind. Das schließt natürlich nicht aus, daß man in manchen Bereichen anderer Meinung sein darf. Hier also die Zusammenhänge:

Firmentreue ist positiv, häufige Arbeitgeberwechsel stehen an vorderer Stelle des „Sündenregisters" für Bewerber. Andererseits ist jeder Firmenwechsel eine Herausforderung, verlangt Anpassung, Umstellungsvermögen, Toleranz usw. Ein wenig hilft auch hier Routine. Wer schon zweimal gewechselt hat, wird den dritten beruflichen Einschnitt dieser Art vermutlich relativ elegant absolvieren — wer hier Neuling ist, könnte sich als unbegabt zum Wechsel erweisen und gilt als „Risiko".

Es ist ein Faktum, nachweisbar in Tausenden von Lebensläufen, daß die statistische „Erfolgsquote" von Firmenwechseln nach mehr als zehnjähriger Betriebszugehörigkeit erschreckend gering ist. Einfacher: Wer lange in einem Unternehmen tätig war, scheitert häufig in der ersten neuen Position. Dies wird verstärkt, wenn dieser Mitarbeiter überhaupt nur ein Unternehmen kennt.

Die Analyse der Ursachen dafür führt zu verblüffenden, wenngleich sicher keineswegs erschöpfenden Erkenntnissen. So stellt sich heraus, daß der entsprechende Bewerber zu viel von dem, was er an Regelungen und Zuständen bei diesem einen Unternehmen kennengelernt hat, als allgemein gültig und selbstverständlich voraussetzt. Er stellt ganz einfach die falschen Fragen im Gespräch (oder er stellt die richtigen nicht). Beispiel: Der Bewerber will Konstruktionsleiter werden. In seinem „alten" Haus ist das eine Position, zu der „selbstverständlich" Einzelzimmer, Sekretärin und Personalhoheit für die unterstellten Mitarbeiter gehören.

Da dies für ihn Standardregelungen sind, werden sie auch für die neue Position vorausgesetzt. Dort sitzen vielleicht auch die leitenden Mitarbeiter im Großraumbüro, statt der „eigenen" Sekretärin steht nur ein Zugriffsrecht auf die Damen des Schreibpools zu, Gehaltserhöhungen „vergibt" hier traditionell der Inhaber selbst. Selbstverständlich sind solche Schockerlebnisse auch in rein fachlichen Bereichen möglich – oder sie addieren sich. Hier kommt evtl. schon am Abend des ersten Arbeitstages ein völlig frustrierter Konstruktionsleiter mit dem klaren Ziel nach Hause, diesen „Laden so schnell wie möglich" wieder zu verlassen.

Das betroffene Unternehmen sammelt die Erfahrung, „mit Leuten, die seit mehr als 10 Jahren beim gleichen Arbeitgeber sind, in Zukunft sehr vorsichtig zu sein".

Die Beispiele ließen sich fortsetzen. Arbeitsaus- und -durchführungen werden „automatisch" wie gewohnt durchgeführt – im neuen Hause gelten jedoch ganz andere Gepflogenheiten. In Diskussionen beglückt der neue Mitarbeiter Chefs und Kollegen mit pausenlosen „bei Müller & Sohn haben wir das aber . . .".

Natürlich sind das Pauschalierungen. Entsprechende Erfahrungen gibt es jedoch, daraus resultieren dann entsprechende (Vor-)Urteile.

Ein konkretes Optimum anzugeben ist sehr schwierig, die Bandbreite ist hier recht flexibel. Aber ein Ingenieur, der nach dem Studium 3 Jahre in der ersten, 5 Jahre in der zweiten Firma „aushält" und sich nun nach 7 Jahren in dem dritten Unternehmen erneut bewirbt, wird allseits zufriedene Gesichter (in diesem Punkt) hervorrufen.

Wichtig ist stets, wenn man schon – in den Augen der Entscheidungsträger – mit Problemen behaftet ist, dann wenigstens „Problembewußtsein" zu zeigen. Also nicht im Bewerbungsschreiben formulieren: „Nachdem ich seit 14 Jahren im gleichen Unternehmen arbeite, wird das ja wohl für mich sprechen", sondern etwa: „Ich bin mir durchaus bewußt, daß nach so langer Zeit eine Umstellung auf mich zukommt, in der ich anderseits jedoch einen besonderen Anreiz sehe . . ." Noch wichtiger ist, daß man hinter solchen Formulierungen auch steht – irgendwo abzuschreiben wäre keine Lösung.

Frage: Ich sehe schon nach etwa sechs Wochen, daß meine neue Position ein Fehlschlag wird. Soll ich nun besser sofort wechseln, oder raten Sie mir, mich einige Monate oder gar Jahre „durchzuquälen", um allzu schnelle Firmenwechsel zu vermeiden?

Antwort: Sie stehen vor einem echten Optimierungsproblem. Jede denkbare Lösung birgt erhebliche Gefahren. Ohne Kenntnisse Ihres Hintergrundes sind nur allgemeine Aussagen möglich.

Die erste Frage, die Sie sich stellen müssen: Was heißt „Fehlschlag" konkret? Ist ein Scheitern wirklich unabwendbar? Vielleicht fehlt es Ihnen noch an Erfahrung, und Sie sehen unvermeidliche Anfangsprobleme größer, als sie sind. Schon viele Bewerber haben Jahre nach einem „Hals-über-Kopf-Wechsel" erklärt, die damaligen Probleme seien nichts im Verhältnis zu denen gewesen, die sie dagegen eingetauscht hätten. Vielleicht fehlt es Ihnen an Durchstehvermögen? Außerdem haben Sie die heutige Position selbst ausgesucht. Wer garantiert Ihnen, daß Sie den gleichen „Fehler" nicht wiederholen? Noch einmal wechseln können Sie dann nicht.

Wir raten, bei der langfristigen Berufs- und Karriereplanung diesen Fall als mögliches Risiko mit einzubeziehen. Fachleute benutzen dabei das aus dem Geldverkehr entlehnte Wort „Karrierekredit" als wünschenswerten Faktor. Hat man als Bankkunde langjährig angespart, fällt dem Institut die Entscheidung über einen Kredit leichter als bei gerade angelegten Konten oder

Kreditnehmern, die mehrere Überziehungen hinter sich gebracht haben.

Der „Karrierekredit" überträgt dies auf die Lebenslaufgestaltung.

Wenn Sie also drei oder vier Jahre in der ersten, fünf oder sechs Jahre in der zweiten Firma „ausgehalten" haben und dann der in Ihrer Frage geschilderte Fall eintritt, können Sie auf ihre „Kreditwürdigkeit" zurückgreifen. Dann dürfen Sie sich auch einmal eine sehr kurze Zeit im dritten Unternehmen erlauben. Liegen die Verhältnisse anders, wächst das Risiko für Sie.

Denken Sie an das Prinzip: Sie glauben, den Ärger in der jetzigen Aufgabe zu kennen – aber Sie wissen nicht, wogegen Sie ihn eintauschen. Wobei Sie dann auf Gedeih und Verderb an den nächsten Arbeitgeber gebunden sind. Sie können also „vom Regen in die Traufe" kommen. Entscheiden müssen Sie selbst.

Zeugnisse

Frage: Ich bin seit 1,5 Jahren Entwicklungsingenieur, es ist meine erste Stellung. Das Betriebsklima leidet unter den Trotzreaktionen und fehlender Rücksichtnahme des Chefs, der zusätzlich eigene Fehlentscheidungen auf die Angestellten abwälzt. Ist es ratsam, sich nach so kurzer Tätigkeit um einen Wechsel zu bemühen? Darf ich bei Bewerbungsgesprächen auf die Differenzen mit dem Arbeitgeber eingehen? Wie kann ich mich gegen ein voraussichtlich schlechtes, nicht meinen Leistungen entsprechendes Zeugnis wehren?

Antwort: Lösen, indem wir aus der Entfernung, ohne Kenntnis der handelnden Personen und mit nur einseitigen Informationen versehen, die allein richtige Verhaltensweise anraten, können wir Ihr Problem praktisch nicht. Wer aber damit unsere „Karriereberatung" am Enge glaubt, irrt.

Zunächst einmal bedienen wir uns moderner Argumentationsmethoden: Wir leugnen Ihr Problem oder – moderner – wir stellen es in Frage. Wenn uns jetzt noch der „Beweis" dafür gelingt, daß Ihre Schwierigkeiten so vermutlich gar nicht existieren, sind wir sicher auch im Interesse unserer Leser in ähnlichen Situationen einen großen Schritt weiter.

Ausgangspunkt ist Ihre Berufspraxis. Immer wieder fordert die Wirtschaft in Anzeigen auch von jungen Ingenieuren „einige Jahre" Berufspraxis. Dahinter stehen viel weniger fachliche als Persönlichkeits-Aspekte. Lebenserfahrung erst bringt Urteilsvermögen – und auch das Recht, Menschen und Situationen einzustufen und Lob und Tadel zu verteilen. 1,5 Jahre nach dem Studium reichen nach gängiger Meinung nicht aus, die hier erforderliche Reife zu erwerben.

Alles, was im Augenblick an Aussagen zu Ihrem Thema vorhanden ist, sind Behauptungen eines dafür viel zu jungen Menschen. Damit liegt im Hinblick auf die Situation in Ihrem Hause eher die Vermutung auf der Hand, mangels fundierter Urteilskraft wurde hier ein nicht ganz spannungsfreies Verhältnis unnötig aufgebauscht. Sie steigern sich vielleicht selbst in eine gewisse Panikstimmung hinein (oder lassen sich von Kollegen hineinziehen) – die alles nur noch schlimmer macht.

Selbst wenn Ihnen unsere Argumentation nicht gefällt: Sie sind Ihre einzige reale Chance. Bei jeder anderen Betrachtungsweise lassen Sie „Federn" – und Ihren Interessen soll diese Beratung ja dienen.

Selbstverständlich gibt es Fälle wie den von Ihnen geschilderten. Aber als Beweis dafür wäre Urteilsvermögen nötig, das Sie noch gar nicht haben können.

Unser Wirtschafts- und Führungssystem funktioniert nach gewissen Regeln, die im Studium nicht behandelt werden. Sie bemängeln „fehlende Rücksichtnahme" Ihres Chefs. Wo ist dafür der Maßstab? Ein erfahrener, selbst führungserfahrener Mann von 40 wird seinem Vorgesetzten ggf. alles mögliche vorwerfen, auf nicht optimale „Rücksichtnahme" wird er dabei kaum vorrangig kommen. Gerade im Alltag eines vermutlich kleinen, jederzeit um seine Existenz kämpfenden Unternehmens, „auf das am Markt auch niemand Rücksicht nimmt" (so vielleicht Ihr Chef), ist manchmal wenig Raum für entsprechende Verhaltensweisen – die noch dazu stets der individuellen Interpretation unterliegen.

Sie bemängeln „Trotzreaktionen". Ist da von einem ungezogenen Kleinkind die Rede? Irgendwo muß doch auch Ihr Chef Fähigkeiten erkennen lassen, die ihn in die heutige Position gebracht haben.

Lassen Sie also „die Kirche im Dorf" und suchen Sie nach Möglichkeit einen ganz anderen Standpunkt für Ihre eigene Beurteilung der Situation. Vielleicht sind Sie auch ganz einfach in einem – verständlichen – Umorientierungsprozeß begriffen, in dem Ihnen der Abschied von romantischen studentischen Vorstellungen über den harten Erwerbsprozeß schwerfällt? Sie wissen ja noch gar nicht, ob Sie eine Person (Ihren Chef) verurteilen oder ob Sie unser gesamtes Wirtschafts- und Erwerbssystem angreifen. Im Klartext: Vielleicht ist es in anderen Unternehmen ähnlich – Sie wissen es bloß noch nicht. Vergessen Sie auch nicht, daß so mancher arbeitslose Absolvent froh wäre, wenigstens Ihren Chef zu haben.

Und noch etwas: Wessen Qualitäten, Situationen vorausschauend zu bewerten, Menschen zu beurteilen und Gegebenheiten einzuschätzen, stehen hier eigentlich zur Debatte? Sie haben dort doch wohl freiwillig einen Vertrag unterschrieben. Möchten Sie sich jetzt das Attribut „mangelndes Urteilsvermögen" umhängen? Sagen Sie bitte auch nicht, dazu seien Sie noch zu unerfahren. Eben fühlten Sie sich noch erfahren genug, eine komplexe Führungssituation mit harten Worten zweifelsfrei einzustufen.

Zum Abschluß: Gegen ein „zu schlechtes" Zeugnis kann man klagen. Aber manche „neuen" Arbeitgeber mögen Mitarbeiter für verantwortliche Funktionen gar nicht, die mit früheren Firmen gerichtliche Auseinandersetzungen hatten. Sie kommen also aus dem Regen in die Traufe. Wir haben es an anderer Stelle schon gesagt: Mit Rechtsmitteln können Sie nicht Karriere machen.

Diese – bewußt „hart" formulierten – Aussagen richten sich gezielt an den Berufsanfänger. Sie sollen Denkanstöße geben, daher die plakativen Aussagen. Erschöpft ist das Thema damit nicht, die totale Anpassung wird damit auch nicht gepredigt – eher das flexible, taktisch geschickte Reagieren in Situationen aller Art.

Ein wenig haben wir auch die Hoffnung, der eine oder andere Chef möge das lesen. Und sich natürlich beileibe nicht wiedererkennen – aber doch einmal überlegen, ob man nicht gerade auf junge Absolventen noch gezielter eingehen, ihnen vor allem Entscheidungen begründen und erläutern sollte. Ein wenig Rückblick auf die eigene „Sturm- und Drangzeit" wäre sicher hilfreich.

Frage: Was kann ich tun, um eine mich abqualifizierende Aussage innerhalb eines Arbeitszeugnisses zu tilgen: Meines Erachtens sind bereits zwei Bewerbungen daran gescheitert.

Der Satz lautet: „Sein Verhalten zu Vorgesetzten war stets einwandfrei." Ich meine, das würde bedeuten: „Er war ein Mitläufer, der sich gut anpaßte. Seinen eigenen Ansichten getraute er sich kaum Ausdruck zu geben."

Antwort: Zeugnisformulierungen sind ein schwieriges, häufig „heißes" und stets sehr interessantes Thema. Da diese Dokumente von vielen verschieden ausgebildeten und denkenden Menschen geschrieben werden, ist stets auch eine breite Palette von Interpretationen möglich. Beispiel: So mancher rechtschaffene Inhaber eines kleineren Unternehmens formuliert: „ . . . daß er sich stets bemühte, meinen hohen Anforderungen gerecht zu werden" und glaubt ehrlich, hier hohes Lob zu verteilen. Der Fachmann wiederum liest daraus das denkbar schlechteste Urteil („der Mann soll sich nicht bemühen, er soll brillante Leistungen bringen"). Der wirklich erfahrene Personalleiter oder Berater schaut also stets auch, wer denn wohl dieses Zeugnis verfaßt hat.

Das Problem beginnt mit der rechtlichen Grundlage für Arbeitszeugnisse (darüber gibt es ganze Bücher). Sehr vereinfacht ausgedrückt: Es ist in der Bundesrepublik praktisch nicht erlaubt, im Zeugnis eine negative Aussage zu treffen. Nun gibt es aber zweifelsfrei Mitarbeiter, die − zumindest in Teilbereichen − negative Urteile verdient hätten. Ein korrekt denkender Chef oder Personalleiter ist also mit dieser Rechtslage unzufrieden, da er Gutes „gut" und Schlechtes „schlecht" nennen möchte − aber nicht darf. Damit Zeugnisse nun überhaupt noch einen Sinn haben, hilft man sich in der Praxis mit der „Nuancierung des Positiven". Jeder versucht also, durch diverse Varianten positiver Aussagen sein Urteil zu Papier zu bringen. Unter Fachleuten hat sich dabei eine gewisse Sprachregelung herausgebildet, die aber nicht verbindlich, nicht absolut eindeutig und auch nicht juristisch faßbar ist. Den so oft behaupteten „Geheimcode deutscher Personalspezialisten" gibt es in dieser Form absolut nicht, nur kann man eben mit sehr viel Erfahrung und Fingerspitzengefühl heute doch ungefähr herauslesen, was der Schreiber gemeint hat. Weil in diesem Zusammenhang so viele Aspekte eine Rolle spielen (wer hat formuliert, wie groß ist das Unternehmen, über wen wird gesprochen, welche Hierarchieebene steht zur

Debatte usw.), wäre die Veröffentlichung eines Kataloges ganz einfach nicht seriös.

Ihr spezielles Problem ist gar nicht so dramatisch. Wir glauben eher, daß Ihre Bewerbungen aus anderen Gründen (die wir nicht kennen) scheitern.

Die von Ihnen zitierte Formulierung gilt als „harmloser Standard", findet sich in ca. 80% aller Zeugnisse und läßt die von Ihnen vermutete Interpretation nicht zu. Einwandfreies Verhalten Vorgesetzten gegenüber ist zwar an und für sich nur selbstverständlich und noch nichts besonders Positives, aber in den Augen künftiger Chefs kein Nachteil. Übrigens würde auch Ihr „alter" Chef, der ja letztlich für die Formulierung verantwortlich ist, mit hoher Wahrscheinlichkeit die Dinge anders sehen und werten als Sie. Im Klartext: Vorgesetzte sehen Mitarbeiter, die sich ihnen anpassen, zumeist gar nicht so kritisch. Oder noch klarer: Es sind schon mehr Mitarbeiter gescheitert, die ihren Chefs widersprochen, als solche, die ihnen zugestimmt haben. Womit nichts über Widerspruch an sich gesagt sein soll (dosieren können muß man ihn halt und sparsam verwenden wie Salz in der Suppe).

Aber wir betonen noch einmal, daß „Ihre" Formulierung gemeinhin in keiner Form negativ gewertet wird, insbesondere nicht in der von Ihnen vermuteten Form. Suchen Sie weiter nach den wahren Gründen für die negativen Beurteilungen Ihrer Bewerbungen.

Generell kann man natürlich mit dem „alten" Arbeitgeber über Zeugnisformulierungen reden und notfalls auch den Rechtsweg beschreiten. Es bleibt jedoch die Erkenntnis, daß immer nur vermeintlich zu schlecht beurteilte Mitarbeiter protestieren, fast nie zu Unrecht bevorzugte. Diese Zusammenhänge nehmen jedem Widerspruch gegenüber Zeugnissen ein Stück Glaubwürdigkeit – zum letzten Mittel eines Rechtsweges kann in einer Rubrik „Karriereberatung" ohnehin nicht geraten werden.

Frage: Meiner Ansicht nach sind Arbeitszeugnisse für erwachsene und studierte Menschen eine Zumutung. Meines Wissens ist das nur bei uns so eingefahren, im Gegensatz zu den USA und vielen anderen Ländern. Ich meine, daß Stellenbewerber z. T. doch stark „unter Druck" stehen, wenn man an die von ihnen verlangten Nachweise und Zeugnisse denkt. Grenzt das nicht schon an eine gewisse „geistige Ausbeute"?

Antwort: Sie können diese Meinung vertreten, sie wird jedoch von den maßgeblichen Stellen der Wirtschaft nicht geteilt. Da wir hier nicht dazu raten können, „mit fliegenden Fahnen unterzugehen", empfehlen wir Ihnen, die für Sie existentiellen Spielregeln des Berufslebens lieber in die eigenen Planungen einzubauen, als sie zu bekämpfen. Merkwürdigerweise herrscht nur im beruflichen Bereich eine gewisse Leidenschaft vor, zunächst einmal gegen die Regeln vorzugehen. Initiativen von Fußballzuschauern, den Torwart abzuschaffen, sind ebenso selten wie Vorschläge von Tennisanfängern, in blauem Dreß zu spielen und Punkte lieber etwas laienverständlicher wie z. B. im Tischtennis zu zählen. Und wer Golf zu spielen gedenkt, muß Regeln beherrschen, die allein in ihrem Umfang alles in den Schatten stellen, was in dieser Rubrik bereits geschrieben wurde. Und er kommt gar nicht auf den Gedanken, spätere Mißerfolge evtl. mit „falschen" Regeln zu begründen.

Natürlich hinkt auch dieses Beispiel, wir wissen das. Aber ebenso wie ein Tennisinteressent weiß, daß spätere Erfolge als Spieler nur im Rahmen vorher bekannter Regeln möglich sind, weiß dies ein Mensch auch, der sich für ein Ingenieurstudium interessiert. Und man muß ja nicht nach diesen Regeln leben. Z. B. reicht das Selbständigmachen völlig aus, um sich Arbeitszeugnissen zu entziehen. Oder man studiert die Regeln vorher und wird dann doch lieber Berufsschullehrer (wie ja vielleicht auch mancher nach dem Regelstudium lieber nicht Golfer geworden ist).

Was wir sagen wollen: Regeln gibt es immer, Diskussionen drüber sind erlaubt, ein Widerstand des einzelnen dagegen sinnlos.

Außerdem gibt es Gründe für solche Regeln. Bleiben wir bei den beruflichen Zeugnissen. Durch deutsches Arbeitsrecht und entsprechende Gepflogenheiten ist die Entlassung eines einmal eingestellten Ingenieurs (oder entsprechend ausgebildeten Menschen) schwierig, fast unmöglich, gilt als „Schande", belastet den Lebenslauf des Betroffenen und auch das Image des Unternehmens. Wenn man also bei eingestellten Bewerbern hier – z. B. im Gegensatz zu den USA – davon ausgeht, daß das „Experiment" Einstellung klappen muß, dann sichert man sich vor der Einstellung zwangsläufig besonders gut ab. Dazu liest man dann sehr gern, was frühere Arbeitgeber von diesem Mitarbeiter gehalten haben. Letztlich geht man davon aus, daß zwar alle Unternehmen unterschiedlich strukturiert, die Anforderungen aber doch vergleichbar sind.

Zwei Aspekte zu diesem Thema müssen noch erwähnt werden: 1. ist unser starres (Tarif-)Gehaltssystem auch nicht unschuldig an diesen Zusammenhängen. Es kennt nämlich nur „Ingenieure mit folgenden Tätigkeiten im x. Beschäftigungsjahr", differenziert aber praktisch nicht nach „gut" oder „schlecht". Um so stärker ist ein Unternehmen daran interessiert, für das absolut festgelegte Gehalt dann auch den bestmöglichen Ingenieur zu bekommen. 2. gewähren die erwähnten Spielregeln jedem eine ganz große Chance, ein schlechtes Zeugnis zu „überspielen": Wenn man sich bewirbt, ist man im Normalfall in ungekündigter Stellung und hat aus dieser Position noch kein Zeugnis. Man bekommt auch den Vertrag ohne dieses Dokument.

Erhält man dann nachträglich ein schwaches Zeugnis, kann man diese Belastung in seine Strategie einplanen. Und eben bestrebt sein, einen langen, erfolgreichen, von Beförderungen begleiteten Berufsweg in dem neuen Unternehmen zu erreichen (man ist ja gut, nur das Zeugnis war schlecht!). Bewirbt man sich dann nach sechs oder acht Jahren noch einmal, hat das alte Zeugnis gegenüber den jüngsten positiven beruflichen Entwicklungen viel an Bedeutung verloren.

Alle Einwände gegen Zeugnisse (die wirklich kein perfektes Instrument sind, dem kundigen Leser aber doch wertvolle Anhaltspunkte geben) leiden darunter, daß sie so selten von Leuten mit Top-Beurteilungen kommen. Ansonsten wären sie schwerwiegender (die Einwände).

Sonderfall: Zwischenzeugnis

Frage: Ist der aus einem Unternehmen ausscheidende Arbeitnehmer verpflichtet, bei Entgegennahme seines Arbeitszeugnisses das Zwischenzeugnis zurückzugeben, das er einige Wochen zuvor ausgehändigt bekam?

Antwort: Diese Rubrik heißt „Karriereberatung". Nun ist „Karriere" gar nicht so einfach zu definieren. Negativ kann man hier aber dem Ziel näherkommen. Danach wäre der Eintritt eines jungen Ingenieurs 1980 als Detailkonstrukteur bei Meier & Sohn und die Pensionierung 2040 in gleicher Funktion eben da gewiß keine Karriere (ehrenwert, das betonen wir stets, kann ein solcher Weg natürlich dennoch sein). Welche Bedeutung könnte Ihre rein auf das Arbeitsrecht bezogene Problemstellung in diesem Zusammenhang haben?

Nun lehnen wir die Beantwortung juristischer Fragen nicht nur ab, weil entsprechende Beratung für „Nicht-Anwälte" problematisch ist. Geleitet werden wir vielmehr von der Erkenntnis, daß nichts für eine Karriere so unmaßgeblich ist wie die „Rechtslage" – wenn es im positiven Bereich um das Erreichen von Zielen geht. Wenn der am Aufstieg interessierte Mitarbeiter natürlich selbst aktiv gegen Gesetz und Vorschrift verstößt, kann er damit seine Ambitionen durchaus wirksam torpedieren. Wenn Sie dagegen auf juristisch fundierte „Ansprüche" zurückgreifen müßten, um einen Aufstieg zu erreichen, werden Sie nie an Ihr Ziel kommen.

Menschen werden befördert, „machen Karriere", weil sie leistungsstark, erfolgreich, für ihren Arbeitgeber wertvoll sind u.ä.m. Menschen werden nicht befördert, weil sie „im Recht" sind (jedenfalls nicht in der freien Wirtschaft). Wenn Sie also als an Karriere Interessierter im „Handbuch des deutschen Arbeitsrechts" blättern müssen, ist dies für Sie ein Warnsignal 1. Klasse.

Nun zu Ihrer Frage: Sie haben ein Zwischenzeugnis. Kopien sind billig. 100 reichen für ein Arbeitsleben (die sollen Sie nicht anfertigen, könnten Sie aber). Selbst „notariell beglaubigte Abschriften" könnten Sie in großer Zahl machen lassen.

Später zählt ohnehin nur noch das Endzeugnis. Bei der nächsten Bewerbungsaktion hat dann das Beifügen des Zwischenzeugnisses zusätzlich zum Endzeugnis keinen Wert mehr. „Zwischen" heißt „vorläufig" und wird wertlos, wenn ein „Endzeugnis" vorliegt. Welchen Wert sollte also die Frage haben, ob man verpflichtet ist . . .?

Frage: Soll man ein vorliegendes Zwischenzeugnis des jetzigen Arbeitgebers (ausgestellt wegen geänderter Aufgaben) den Bewerbungsunterlagen beifügen?

Antwort: Man soll alles tun, was das eigene Anliegen fördert. Ein Zwischenzeugnis „fördert" die Bewerbung durchaus – wenn es gut ist. Ist Ihres gut?

Da Sie dieses Dokument nicht beigefügt haben, können wir die Frage auch nicht beantworten. Aber einige grundsätzliche Erläuterungen sind hilfreich:

Alles, was in Ihrem Leben passiert (und „beruflich relevant") ist, bedarf der Belege – die sehr sorgfältig geprüft werden. Dieses durchaus logisch anmutende Prinzip wird plötzlich an einem besonders wichtigen Punkt durchbrochen, nämlich bei der eigentlich entscheidenden Wertung der heutigen Tätigkeit. Da analysiert man als „Entscheidungsträger" in Bewerbungsfragen Abiturergebnisse aus 1957, wägt sorgfältig Zeugnisformulierungen aus 1968 und 74 – glaubt aber in allen Fakten der letztlich maßgebenden heutigen Position den unbelegten Eigenaussagen des Bewerbers. Dieses Vorgehen hat sich absolut eingebürgert. Der Bewerber ist (hoffentlich) in ungekündigter Stellung. Rückfragen beim heutigen Arbeitgeber sind unmöglich, da sie das derzeitige Arbeitsverhältnis gefährden würden. Also hat der für die zurückliegenden Zeiten so „gnadenlos" auf Dokumente angewiesene Bewerber plötzlich eine Chance, zunächst unwidersprochen in eigener Sache zu argumentieren (wahrheitsgemäß sollte er dies schon tun, denn häufig sichert der neue Arbeitgeber sich vor Vertragsunterschrift durch Referenzen ab, fast immer läßt er sich das spätere Arbeitszeugnis nachreichen – offensichtliche Unwahrheiten können je nach Einzelfall durchaus als Begründung für fristlose Entlassungen dienen). Zwischenzeugnisse sind ein Sonderfall, der keineswegs die Regel ist.

Erste Frage: Kann ein Zwischenzeugnis des Arbeitgebers so gut sein, daß es den – hoffentlich – guten Eindruck nach der eigenen Schilderung des Bewerbers über Aufgaben und Zuständigkeiten, Anerkennungen und Beförderungen noch vertieft?

Zweite Frage: Können Sie ein Zwischenzeugnis so gut beurteilen, daß Sie sich die Entscheidung zutrauen, ob Sie Ihres nun lieber weglassen oder unbedingt beifügen (bei „Endzeugnissen" kommt es darauf nicht an, die müssen beigefügt werden)?

Dritte Frage: Wenn Sie Arbeitgeberfunktionen hätten, was würden Sie in ein Zwischenzeugnis hineinschreiben? Formuliert man zu schlecht, verliert man den Mitarbeiter vielleicht. Formuliert man zu gut, präsentiert der Betroffene mit höchster Wahrscheinlichkeit dieses Dokument bei der nächsten Gehaltsdiskussion als „Beweis" für besondere Leistungen. Die meisten Zwischenzeugnisse lassen etwas von den seelischen Krämpfen spüren, unter denen sie entstanden.

Frage: Demnächst geht mein derzeitiger Chef in den Ruhestand. Ist es nun ratsam, sich von ihm ein Zwischenzeugnis ausstellen zu lassen, um die bis dahin erbrachte Leistung zu dokumentieren (vielleicht harmoniere ich mit dem neuen Vorgesetzten nicht so gut)? Könnte der Arbeitgeber diesen Wunsch als Zeichen einer Absicht zum Stellenwechsel interpretieren? Könnte bei späteren Stellenwechseln in einem besonders guten Zwischenzeugnis der Beweis gesehen werden, man

habe „damals" eine positive Beurteilung eben nur durch diesen einen Chef erfahren, dessen Nachfolger jedoch nicht überzeugen können?

Antwort: Zu Ihrer letzten Frage zuerst: Daß Sie ein Zwischenzeugnis haben, heißt ja noch nicht, daß Sie es auch vorlegen müssen. Ein deutlich zurückhaltenderes Endzeugnis könnte sehr wohl auffallen, die Kombination mit einem guten Zwischenzeugnis ist dann aber immer noch besser als ein schlechtes Endzeugnis allein.

Die Bitte um schriftliche Aussagen Ihres heutigen Chefs anläßlich seines Ausscheidens ist absolut üblich. Sie haben zwei Möglichkeiten:

1. Sie bitten um ein offizielles Zwischenzeugnis. Das ist dann eine verbindliche Aussage der Firma, die sich dazu allerdings auf Äußerungen Ihres Chefs stützt, diese jedoch in den wesentlichen Aussagen zu Führung und Leistung keineswegs „automatisch" übernimmt, sondern auf „Zeugnis-Deutsch" umschreibt. Dabei bleibt sie meist etwas „bedeckt", damit der betroffene Mitarbeiter nicht seine nächste Forderung nach einer Gehaltserhöhung mit diesem „offiziellen Dokument" begründet.

2. Sie bitten Ihren Chef um eine persönliche Beurteilung, die er Ihnen überreicht und von der ein Durchschlag in Ihrer Personalakte abgeheftet wird. Dieses Schriftstück ist meist positiver formuliert, bindet allerdings Ihren Arbeitsgeber später mehr moralisch als juristisch bei der Abfassung eines Endzeugnisses. Immerhin: Bei einer evtl. Bewerbung um Ihre nächste Position brauchen Sie ja das – evtl. schwächere – Endzeugnis nicht vorzulegen, Sie haben es ja noch gar nicht.

Seien Sie im übrigen nicht so pessimistisch und geben Sie dem neuen Chef durch entsprechende Leistungen (im fachlichen und persönlichen Bereich) eine Chance, Sie genau so positiv zu beurteilen wie es sein Vorgänger wohl getan hat.

Berufliches kontra Privates

Frage: Vor kurzem habe ich eine neue, für mich sehr wichtige Position als Leiter der Abteilung ... in erheblicher Entfernung von meinem bisherigen Wohnort angetreten. Meine Familie weigert sich nun, mit mir umzuziehen. Ich muß mir wohl eine neue Stelle suchen. Was kann ich als Begründung bei Bewerbungen angeben? Bin ich durch meine „familiären" Umstände nicht hinreichend „entlastet"?

Antwort: Sie würden nicht fragen, wenn Sie ganz sicher wären. Ihre Zweifel sind absolut berechtigt.

Zunächst einmal zur Sache. Sie werden sich – entsprechend Ihrer heutigen Aufgabe – sicher wieder um eine leitende Position bewerben wollen. Damit müssen Sie sich den Anforderungen an eine Führungskraft stellen. Mit Ihrer Begründung werden Sie keinen guten Eindruck hinterlassen.

Vordergründig wird Ihnen ein konservativ denkender Vorgesetzter (der über Ihre Bewerbung entscheidet) anlasten, Sie hätten „noch nicht einmal die eigene Familie im Griff, wie will sich ein solcher Mann später gegenüber seinen Mitarbeitern und Kollegen durchsetzen".

Es hilft Ihnen wenig, diese Haltung als „gesellschaftlich nicht progressiv" einzustufen. Damit hätten Sie vielleicht sogar recht. Das allein jedoch nützt Ihnen nichts.

Viel gefährlicher und kaum zu widerlegen ist jedoch ein ganz sicher kommender Vorwurf anderer Art. Ein Manager soll nicht nur zielstrebig und erfolgsorientiert sein, er soll auch sorgfältig planen, (vorher!) alle Umstände in seine Entscheidungen einbeziehen, mögliche Risiken rechtzeitig erkennen, mit wichtigen Betroffenen sprechen – kurz, keine größeren Aktionen beginnen, die hinterher schiefgehen. Letzteres ist immer eine Belastung – die noch größer wird, wenn die Katastrophe sogar vorhersehbar gewesen wäre. Merken Sie, wohin das Urteil über Sie tendiert?

Was immer Sie tun, nutzen Sie die Chance zur selbstkritischen Abwägung von Zielvorstellungen, eigenen Fähigkeiten und Schwächen, Gegebenheiten des „persönlichen Umfeldes" u. ä. In jedem Fall ist diese Situation eine schwere persönliche Schlappe für Sie – weichen Sie dieser Erkenntnis keinesfalls aus. Vielleicht können Sie ja auch als Kompromiß die Überlegung in Ihre Planungen einbeziehen, daß „Karriere" nicht alles ist und mancher auch ohne glücklich werden kann?

Zu Ihrer Familie: Wir wünschen Ihnen sehr, daß sie Ihnen nicht in einigen Jahren vorwirft, Sie hätten nichts erreicht, „andere" verdienten mehr Geld, könnten den Kindern ein Studium oder einen Zweitwagen finanzieren o. ä. m. Erlebt haben wir auch das schon.

Frage: Nach dem Hochschulstudium trat ich in einem Großunternehmen meiner Heimatstadt meine erste Stelle an. Ohne direkten Grund und praktisch nur vom Wunsch nach „Luftveränderung" und besseren Perspektiven getrieben, suchte ich mir eine besser bezahlte Stelle in einem anderen Ort. Nach nunmehr vier Jahren hat sich meine familiäre Situation geändert, es zieht mich aus privaten Gründen zurück, wobei nur mein „alter" Arbeitgeber wieder in Frage käme. Wie stellt sich dieses Problem aus der Sicht von Unternehmen und betroffenen Mitarbeitern?

Antwort: Unter dem üblichen Vorbehalt, daß ohne Detailkenntnisse nur pauschale Aussagen möglich sind, die nicht immer dem Einzelfall gerecht werden:

1. In die Kategorie der „schlimmsten aller denkbaren Fehler" gehört der Arbeitgeberwechsel aus privaten, standortabhängigen Gründen. Bitte lassen Sie sich mit aller Eindringlichkeit warnen! In Gesprächen mit Betroffenen ergibt sich sehr häufig die Frage: „Warum, in aller Welt, haben Sie eigentlich damals die Position aufgegeben ...?", wenn nach Ursachen für Fehlentwicklungen gesucht wird. Das Berufsleben ist kompliziert genug, man sollte nicht auch „sachfremde" (ein bewußt provozie-

rendes Wort; die meisten von uns haben eine Familie, die ihnen sehr am Herzen liegt) Argumente in diese vielschichtigen Entscheidungsprozesse einfließen lassen.

Es reicht, wenn Sie beim aus beruflichen Gründen erforderlichen Wechsel ggf. private Gründe in die Entscheidungsfindung (z. B. Standort) einfließen lassen. Aber man kündigt nicht, nur weil man woanders lieber wohnen möchte.

So manche Familie hat Jahre später vor der Frage gestanden, ob ihr statt eines nun „karrieregeschädigten" (manchmal sogar arbeitslosen) Vaters nicht ein weniger schöner Wohnort lieber wäre.

2. Ob man wieder zu früheren Arbeitgebern zurückgehen soll, läßt sich weniger eindeutig beantworten. Allerdings lehrt auch hier die Erfahrung, daß Skepsis angebracht ist. Der „alte" Arbeitgeber hat zumeist prinzipiell nichts dagegen – wenn die Befragung ehemaliger Vorgesetzter bzw. das Studium Ihrer alten Personalakte keine negativen Anhaltspunkte ergibt. Aber so ganz vergessen wird er auch nicht, daß Sie schon einmal den „Bruch" herbeigeführt hatten.

Die Einschränkungen ergeben sich vor allem aus Überlegungen ganz „menschlicher" Art: Sie sind vor Jahren zu dem Ergebnis gekommen, daß dieses („alte") Unternehmen Ihnen nichts mehr zu bieten hat, daß es Ihnen dort nicht mehr – und an anderer Stelle vermutlich besser – gefällt. Wenn Sie jetzt zurückkehren, dann werden sich bei den ersten (mit Sicherheit zu erwartenden) Problemen sofort Zweifel ergeben: „Hätte ich doch nicht wieder hierhergehen sollen?" Außerdem steht ja fest, daß Sie schon einmal das Band zwischen sich und diesem Haus zerschnitten hatten, erfahrungsgemäß liegt eine Wiederholung dieses Schrittes dann eher auf der Hand als die Trennung von einem völlig neuen Arbeitgeber. Im Normalfalle (und im Zweifel) soll man die Vergangenheit eher nicht wieder aufleben lassen. Das schließt nicht aus, daß gerade Sie dennoch im „zweiten Anlauf" Ihr berufliches Glück dort machen könnten, nur halten wir eher das Gegenteil für wahrscheinlich – in der Kombination mit Teil 1 der Frage ganz besonders.

Frage: Es gibt — bei allem Verständnis für Regeln — doch immer wieder Einzelfälle, in denen Ausnahmen aus wohlüberlegten Gründen eigentlich anerkannt werden müßten. Im Projektmanagement des Anlagenbaus, z. B., ist die „Lehr- und Einarbeitungszeit" so lang, daß mehr als zehnjährige Betriebszugehörigkeiten nicht als Nachteil ausgelegt werden dürften. Und in Standortfragen muß man doch wohl manchmal einfach einen Kompromiß mit der Ehefrau schließen — also dürfte dann ein Stellenwechsel aus diesem Grund (bei gleichem Aufgabenspektrum) auch nicht als Fehler gewertet werden.

Kann ich (und wenn ja, wie?) diese Argumente im Bewerbungsschreiben behandeln? Wenn ich das tue, muß ich mehr als die empfohlenen 1,5 Seiten schreiben. Wie setze ich hierbei Prioritäten?

Antwort: Einer der typischen Fehler im Werdegang ist der zu häufige Firmenwechsel. Auf der anderen Seite kann (mit ungleich geringerer Wertigkeit!) auch schon einmal eine zu lange Betriebszugehörigkeit als Negativpunkt gewertet werden. Auf keinen Fall brauchen oder sollen Sie sich für lange Dienstzeiten entschuldigen. Den Platz in der Bewerbung sparen Sie also schon.

Wir sind eine Karriere-, keine Eheberatung. Wo Sie in Ihrem Leben Prioritäten setzen, unterliegt allein Ihrer Entscheidung. Nur — alles kann man nicht haben. Aus der Sicht der Unternehmen ist ein Bewerber interessanter, der dem Beruf Rang Nr. 1 im Leben einräumt — wer will der Arbeitgeberseite das verdenken? Andererseits ist aus der Sicht z. B. der Ehefrau (manchmal) ein Mann interessanter, der seiner Familie die Nr. 1 im Leben zuordnet — wer will nun wieder ihr das verdenken? Bei dem jeweiligen Bewerber liegt es, hier seinen ganz persönlichen Kompromiß zu finden. Es ist leider nicht ganz einfach, die eigene Familie und den heutigen sowie alle künftigen Arbeitgeber gleichermaßen glücklich zu machen.

Sie spüren aus dieser Darstellung, daß komplizierte Argumentationen in einer Bewerbung, warum z. B. der Standort der Familie unzumutbar schien, hier gar nicht helfen. Der künftige Manager müßte sich sogar fragen lassen, ob denn die Vorbereitungen und Planungen des damaligen Schrittes optimal waren. Gescheiterte Vorhaben, gleich welcher Art, sind keine Empfehlungen für anspruchsvolle Bewerber.

Und – als eine Art „Geheimtip" – wenn Sie schon aus privaten/familiären Gründen den Arbeitgeber wechseln, dann sprechen Sie wenigstens nicht darüber. Manchmal wird eine gut formulierte „Ausrede" zwar nicht geglaubt – sie zeigt aber, daß Sie die Spielregeln anerkennen. Ihrem Chef reicht es, wenn Sie ihm ein „Guten Morgen" zurufen, er erwartet keineswegs, daß Ihnen dies ein Herzenswunsch ist.

Als Bundeswehroffizier in die Wirtschaft

Frage: Ich bin Bundeswehr-Offizier und habe an der Bundeswehrhochschule Maschinenbau studiert. Demnächst werde ich ausscheiden und suche eine Stelle in der Industrie (das Studium wird dann sechs Jahre zurückliegen). Welche Chance hat man in der freien Wirtschaft, und was könnte man eventuell während der aktiven Dienstzeit vorher noch tun, um sich optimal vorzubereiten?

Antwort: Dieses Thema ist außerordentlich vielschichtig und auch von der subjektiven Einstellung der einzelnen Entscheidungsträger in der Wirtschaft abhängig. Noch hat sich keine generelle Meinung dazu gebildet, auch in den nächsten Jahren wird der jeweilige Einzelfall entscheidend sein.

Bei vielen (häufig älteren) Führungskräften, die über Einstellungen entscheiden und selbst (Reserve-)Offiziere sind, wird generell die Bundeswehr als gute Schule bezeichnet, darüber hinaus ist die entsprechende Hochschule überwiegend gut angesehen. In jedem Fall wertet man die Führungserfahrungen grundsätzlich positiv und hofft, daß die entsprechenden Bewerber gegenüber „zivilen" Studenten in ihrer Persönlichkeitsbildung schon ein wenig weiter fortgeschritten sind.

Ein Problem ist, daß sich fast nie ein Aufgabenbereich findet, in dem übergangslos die bisherige Tätigkeit fortgesetzt werden kann (dies gilt für Rang, Verantwortungsgrad, Führungsumfang, Bezahlung). Von speziellen wehrtechnischen Problemen abgesehen, ist der entsprechend vorgebildete Offizier ein „sehr erfahrener Anfänger". Er hat Lebens- und Führungserfahrung, kennt aber die spezielle Welt der Industrie nicht, kennt die Führungsansprüche der dort tätigen Mitarbeiter ebensowenig wie Gepflogenheiten im Umgang mit seinen eigenen Vorgesetzten. Wenn Sie bereit sind, zunächst einmal in dieser neuen Welt näher am Anfängerstatus und damit dem „zivilen" Studienabsolventen vergleichbar zu beginnen, haben Sie ein deutliches Plus. Schwierig ist der Versuch, adäquat zu Alterskollegen einzusteigen, die den klassischen Weg in die Industrie ohne Umweg über die Bundeswehr gegangen sind.

Zur Vorbereitung hilft spezielles Wissen erfahrungsgemäß mehr als allgemeines. Wir raten zu Programmiersprachen, REFA- oder ähnlichen Spezialqualifikationen oder generell zu „nachweisbarem" Wissen, wozu stets auch Fremdsprachen gehören. Etwaige Kurse über „Wie führe ich in der Industrie" bringen demgegenüber weniger.

Frage: Ich bin Offizier mit absolviertem Maschinenbaustudium an der Hochschule der Bundeswehr. In ca. 1,5 Jahren werde ich die Bundeswehr verlassen und will dann die Industrielaufbahn einschlagen. Meine Fragen: 1. Wann soll ich mich frühestens bewerben? 2. Was sind „übliche Bewerbungsunterlagen"? 3. Soll ich Tätigkeiten bei der Bundeswehr herausstellen? 4. Ist die fehlende Fachpraxis für mich von großem Nachteil?

Auf generelle Probleme zum Thema „Offiziere in der Wirtschaft" sind wir im Rahmen dieser Reihe schon einmal eingegangen. Daher hier nur die Stellungnahme zu Ihren Detailfragen. Zu 1: Für richtige Bewerbungen ist es zu früh. Ideal für die anzusprechenden Unternehmen ist ein Zeitpunkt etwa 6 Monate vor möglichem Dienstantritt (zur eigenen Sicherheit können Sie natürlich ruhig auch ein paar Wochen früher anfangen). Dennoch sollten Sie die Zeit bis dahin nutzen – zur „Marktforschung in eigener Sache". Lesen Sie Stellenanzeigen, nehmen Sie ruhig auch schon einmal telefonischen Kontakt mit ausgewählten Inserenten auf (wo eine solche Möglichkeit besteht), tragen Sie Ihren speziellen Fall vor und achten Sie sorgfältig auf die Reaktionen der anderen Seite. So spüren Sie, ob eigene Vorstellungen realistisch sind, welche Vorbehalte die Wirtschaft ggf. gegen Ihre spezielle Ausbildung und Erfahrung hat. Sie gewinnen wertvolle Anhaltspunkte auch für den Aufbau Ihrer späteren Bewerbung.

Zu 2: a) Ein maschinegeschriebenes, individuell auf diesen Inserenten (erkennbar) ausgerichtetes Anschreiben mit kurzer Hintergrundinformation über Sie und Ihre Zielsetzungen sowie mit der Antwort auf evtl. spezielle Fragen der Anzeige, b) ein tabellarischer Lebenslauf/Werdegang (beide Bezeichnungen sind möglich), der von der Geburt an alle wichtigen Schul-, Ausbildungs- und beruflichen Stationen mit den exakten Daten beschreibt (auch maschinegeschrieben), c) ein Foto (Paßfoto, schwarzweiß reicht völlig), d) Fotokopien aller wichtigen und sinnvollen Zeugnisse (Schulabschluß, Studienabschluß mit Noten, berufliche Beurteilungen, Bescheinigungen über evtl. Seminare und Kurse – soweit beruflich annähernd von Interesse, Sprachlehrgänge usw.).

Zu 3: Erwähnen ja; ausführlich herausstellen dann, wenn für den Leser und sein aus der Stellenanzeige erkennbares Interessengebiet verwertbare Informationen enthalten sind. Beispiel: Wenn Sie dienstlich mit Nachschubproblemen zu tun hatten und sich jetzt auf eine Position in der industriellen Logistik bewerben, sind Einzelheiten interessant. Wenn Sie jedoch eine Panzer-Instandsetzungseinheit geführt haben und nun als DV-Organisator in die Industrie eintreten wollen, sind Details über die bisherige Aufgabe weniger bedeutsam.

Zu 4: Sie selbst sehen sich vermutlich als einen Mann von 35, Ausbildung als Dipl.-Ingenieur, mit langjähriger Berufs- und Führungspraxis, der nun „adäquate" Aufgaben in der Wirtschaft sucht. Der Ihre Bewerbung lesende Entscheidungsträger wiederum sieht in Ihnen (im Extremfall) einen gerade „fertigen" Dipl.-Ingenieur, der lediglich etwas älter ist als die anderen Hochschulabsolventen und der ihnen Lebenserfahrungen voraus hat. Von daher zieht er Sie – vielleicht – diesen „Anfängern" vor, wertet aber Ihre Berufspraxis nicht als solche. Gleichzeitig aber fürchtet er evtl., Sie hätten einen „Kasernenhofton" an sich und könnten sich als ehemaliger Offizier nun „schlecht unterordnen". Dazwischen liegt irgendwo die Basis für einen individuellen Kompromiß. Bedenken Sie: Der „ungediente" Industriegeschäftsführer, Chef von insgesamt 1000 Mitarbeitern und damit absolut „führungserfahren", könnte ja nach Auslaufen seines

Vertrages auf die Idee kommen, nunmehr in der Bundeswehr als Regimentskommandeur eine „adäquate Aufgabe" zu suchen. Gegen die Verblüffung, die er damit auslöst, ist die Reaktion der Wirtschaft auf umgekehrte Fälle noch recht zurückhaltend. Wir wissen, daß dieses Beispiel stark hinkt, möchten aber doch immer wieder Denkanstöße geben, die dem gegenseitigen Verständnis dienen.

Manager über 50

Frage: Ich bin Jahrgang 1933, also 51 Jahre alt. Zuletzt war ich technischer Leiter eines 200-Mitarbeiter-Betriebes, danach durch Konkurs unverschuldet arbeitslos. Nun stoße ich überall bei meinen Bemühungen auf die fast unüberwindliche Grenze, die durch die „5" an vorderer Stelle des Alters steht. Selbst für den Aufbau einer Existenz als Selbständiger bin ich offenbar zu alt, denn auch für Existenzgründungsdarlehen gilt der Grundsatz, daß nur „Nachwuchskräfte zwischen 21 und 50" gefördert werden. Durch die Bemühungen der Bundesregierung um eine Vorruhestandsregelung werden ja auch wieder zusätzlich Ältere aus dem Erwerbsprozeß herausgenommen. Mir geht es um den Anstoß für eine generelle Betrachtung des Problems. Übrigens: Briefe an den Bundeskanzler und verschiedene Ministerien führten zu ausgesprochen unbefriedigenden Ergebnissen.

Antwort: Sie schneiden eines der brennendsten Probleme im Zusammenhang mit dem Thema „Karriere/Bewerbung" an. Niemand leugnet die Brisanz dieser Situation – niemand kennt jedoch eine pauschale Lösung. Wir wissen, daß großes Interesse an der „Altersfrage" besteht, und wollen eine – zwangsläufig durch den zur Verfügung stehenden Raum beschränkte – Antwort versuchen. Die politische Betrachtung sprengt unseren Rahmen ohnehin, daher hier nur ein Anriß: Sicher ist im Augenblick die vorhandene Arbeit begrenzt, ebenso sicher ist unser Status als Hochlohnland einer der Gründe dafür. Aus politischer Sicht sind verminderte Chancen für Ältere ein gravierendes Problem, „no future" für Jugendliche jedoch die größere Katastrophe. Sie können also von dieser Seite keine kurzfristige Lösung erwarten.

In der Wirtschaft gibt es die Vorbehalte gegen „ältere" Bewerber zweifelsfrei. Zahlreiche Gründe werden genannt, von mangelnder Flexibilität und Lernbereitschaft über höheres Gesundheitsrisiko bis hin zu – vermeintlich – sozialen Aspekten. („Wenn ich diesen Mann mit 53 Jahren in der Probezeit entlassen muß, verurteile ich ihn zu sicherer Arbeitslosigkeit, an der ich mitbeteiligt wäre; dann stelle ich ihn lieber erst gar nicht ein.") Hinzu kommt, daß ältere Bewerber meist recht „teuer" sind, weil sich die Gehaltserhöhungen in langen Dienstjahren ganz fühlbar addieren. Die dem gegenüberstehenden „Erfahrungswerte" müssen differenziert gesehen werden. Zwischen dem Anfänger und dem Bewerber mit 5 Jahren Praxis liegen „Welten", ein Unterschied zwischen 25 und 30 Jahren gleicher Tätigkeit ist nicht mehr feststellbar.

Das von Ihnen angeschnittene Problem der Vorruhestandsregelung wirkt sich verschärfend aus. Wenn in Zukunft Mitarbeiter mit 58 ausscheiden können, rechnet man instinktiv mit nur noch 3 Jahren Dienstzeit, wenn man einen 55jährigen beurteilt. Dies könnte evtl. die „magische Grenze" in der Altersfrage sogar noch nach unten drücken.

Noch weniger Anlaß zu Optimismus gibt es, wenn man diejenigen „Entscheidungsträger" näher betrachtet, die heute für die Abneigung gegenüber älteren Bewerbern verantwortlich sind. Hier geht es um Inhaber, Vorstände, Geschäftsführer, Direktoren usw. – die selbst sehr häufig über 50 sind und oft im vertraulichen Gespräch zugeben, sie spürten halt schon, wie diese und jene Fähigkeit nachließe usw. Einen 40jährigen, der über Bewerbungen entscheidet, können Sie ggf. noch mit Argumenten zugunsten eines älteren Kandidaten überzeugen, einen selbst schon in der gleichen Altersgruppe angesiedelten Manager kaum.

Versuchen wir aber nun einmal, positive Argumente zu sammeln. Weniger Fach- als vor allem Lebens- und Führungserfahrung als Folge zahlreicher durchgestandener „Schlachten" aller Art gleichen manchen altersbedingten Kräfteabbau mehr als aus. Das Wissen um den besten Weg, mit Partnern aller Art umzugehen, auch Verhandlungsgegnern die Chance zu lassen, ohne „Gesichtsverlust" zu unterliegen, die Fähigkeit, menschliche Schwächen in taktische Pläne einzubauen oder auch nur Niederlagen hinzunehmen, ohne daran zu zerbrechen – hier hat der Ältere klare Vorteile.

Noch erfreulicher ist, daß man sie zu suchen beginnt. Aus Amerika kommt ein Trend, ganz gezielt für manche Führungspositionen Bewerber über 50 zu suchen. Es wird noch etwas dauern, aber wir sehen auch bei uns erste Ansatzpunkte für ein Umdenken.

Aber auch der Betroffene selbst kann etwas tun. Wir alle akzeptieren, daß der spätere Bereichsleiter mit 28 „erst" Gruppenleiter sein kann, weil er eben „noch nicht so weit ist". Warum muß dies ein Einbahn-Denkprozeß bleiben? Warum kann nicht auch der 58jährige im Einzelfall aus diesem ungestümen „noch nicht" der frühen Jugend ein abgeklärtes „nicht mehr" des lebenserfahrenen Mannes machen und seine Erfahrungen für eine weniger exponierte Spitzenposition zur Verfügung stellen? Wo er vielleicht nicht mehr für 150 000,– DM p.a. eine „Fronttruppe" führt, sondern für „etwas weniger" projektbezogene Aufgaben löst, sich gezielt übergreifender Spezialprobleme annimmt usw. Dies kann nicht „die" zentrale Problemlösung sein, wäre aber vielleicht der – um wieder die Politiker zu zitieren – „Schritt in die richtige Richtung". Eine Marktwirtschaft muß in allen Bereichen mit angebot- oder nachfragebedingtem Auf und Ab leben können. Und besser ein Manager der zweiten Ebene für 95 000,– DM als arbeitslos mit ehemals 150 000,–. Für diese Entwicklung ist Aufklärung unabdingbar – heute stößt ein dazu bereiter Bewerber zu häufig noch auf Unverständnis bei inserierenden Unternehmen.

Zeitverträge, gelegentlicher Beratereinsatz, sich selbständig machen unter Existenzdruck mit 55 sind „Feuerwehrlösungen", die das Problem auf Dauer nicht vom Tisch schaffen werden.

Ein dringender Rat an „noch junge" Führungskräfte. Neben finanziellen Vorsorgen gilt es, auch berufliche zu treffen. Dazu gehört, häufige Wechsel beim Annähern an die „50" ganz besonders zu vermeiden und sich möglichst auf ein bestimmtes Fachthema und eine bestimmte Branche zu spezialisieren. Der klare, langjährige Fachmann für Konstruktion von Maschinen einer bestimmten Art ist oft auch im Alter noch gefragt, der „universell" erfahrene Ingenieur wird vom Altersproblem stärker betroffen.

Wir bitten ausdrücklich um Nachsicht für alles, was hier aus Platzgründen nicht gesagt oder nur vereinfacht dargestellt werden konnte.

Ingenieurinnen – Frauen in Führungspositionen

Frage: Ich bin Studentin der Chemie an einer Fachhochschule, stehe im 6. Semester und absolviere z. Z. mein 2. Industriesemester bei einem Chemiekonzern. Hier habe ich Erfahrungen sammeln können (und müssen), die meine ganze Zukunftsplanung beeinflussen. Ich frage mich: Was willst du nun eigentlich, Industriekarriere oder Haushalt? Wenn die Wahl auf die berufliche Laufbahn fällt, so bin ich zu vollem Engagement bereit, möchte aber als „Gegenleistung" auch aufsteigen können. Nun sehe ich, daß alle mir „lohnend" erscheinenden Positionen mit promovierten Akademikern besetzt sind – bis auf die Fertigung, in der man keine Frauen einsetzt. Ein leitender Mitarbeiter dieses Hauses hat mir dies bestätigt. Alle Ingenieure, deren Karriere das Haus z. B. in seinem Werbefilm herausstellt, sind Männer. Kein Platz für Ingenieurinnen in dieser noch heilen Männerwelt?

All meiner Verachtung Emanzen gegenüber zum Trotz konnte ich diesen Frauen zum ersten Mal „nachfühlen".

Da mir der Weitblick bis jetzt noch fehlt, hätte ich gerne von Ihnen gewußt: Sieht es überall in der Industrie so düster aus für weibliche Ingenieure?

Antwort: Über Ihren Brief haben wir uns ganz besonders gefreut. Nicht wegen des Themas, das uns noch Probleme genug bringen wird – wer sich zu diesen Zusammenhängen öffentlich äußert, muß mit emotionalen Reaktionen ganz besonderer Art von vielen Seiten rechnen. Aber Ihre Betrachtung eines für Sie existentiellen Problems ist für Ihren Status erfreulich ausgewogen und enthält recht viel Bereitschaft auch zur Selbstkritik. Schon allein deshalb dürfen wir Ihnen bestätigen, daß Sie mit dieser Einstellung vielen männlichen Studenten einige Denkprozeßstufen voraus sind.

Bitte sehen Sie (das gilt vor allem auch für die anderen Leser) die folgenden Darstellungen unter unserer vor kurzen veröffent-

140

lichten Prämisse, daß wir offen schildern wollen, wie die Dinge sind und gesehen werden, daß wir die Verhältnisse nicht gemacht haben, sondern sie nur interpretieren und daß in dieser Rubrik kein Raum ist für Diskussionen mit mehr oder minder flammenden Beiträgen darüber, was man wie ändern müßte.

Je mehr übrigens Zusammenhänge wie „Frauen in Führungspositionen" politisiert und in juristisch faßbare „Tatbestände" gedrängt werden, desto weniger hilfreich ist dies für die eigentliche Sache. Früher hat ein Unternehmen schon einmal ganz offen erklärt, man stelle für diese Aufgabe keine Frauen ein. Diese Antwort war wenigstens ehrlich und ließ keine unnötigen Spekulationen zu. Nachdem dies nun so nicht mehr erlaubt ist und einige Unternehmen, die diese Begründung abgaben, fühlbar bestraft wurden, sagt niemand mehr etwas offen zu entsprechenden Ablehnungsgründen – stellt aber selbstverständlich nicht mehr Frauen ein als früher. Ob den Beteiligten geholfen ist, wenn man nun von „mangelnden Sprachkenntnissen" o. ä. spricht, sei völlig dahingestellt. Die Drohung mit dem Gericht wird in keinem Fall wirklich neue Denkprozesse einleiten, höchstens die Abneigung gegen ein „Reizthema" fördern.

Sie vermischen übrigens zwei Themenkreise, die wir getrennt behandeln wollen. Die erste Erkenntnis, daß die Chemie von promovierten Vollakademikern so stark „besetzt" ist, daß dem FH-Absolventen da sicher einiges an Entfaltungsmöglichkeiten abgeht (im Unterschied z. B. zu vielen Metallbetrieben), ist nicht neu. Das trifft genau so auch männliche Kollegen – die dann im Rahmen Ihrer Argumentation aber immer noch „in die Fertigung" gehen können. Vielleicht haben Sie also mit dem Chemie-Ingenieur als gewählter Fachrichtung ein Sonderproblem geschaffen, das Ihre Hauptfrage zusätzlich kompliziert.

Generell aber gibt es das Problem „Frauen und ihre Chancen in Führungslaufbahnen" in der Industrie durchaus (zumindest heute noch). Es wäre unredlich, dies bestreiten zu wollen. Es wäre aber ebenso unredlich, der Industrie unmotivierte Bösartigkeit in dieser Angelegenheit unterstellen zu wollen. Ohne Anspruch auf Vollständigkeit oder auf Gültigkeit für alle Unternehmen wollen wir versuchen, einen kurzen Abriß über die Ursachen dieses Problems zu geben. Damit ist es noch nicht gelöst – aber auch Ihre Situation läßt sich verbessern, wenn Sie die Standpunkte und Argumente der „Gegenseite" möglichst genau kennen.

Vielleicht können Sie daraus eine optimale Strategie für eigenes Vorgehen ableiten:

1. Niemand der „Männer", die jetzt Macht in der Wirtschaft ausüben, hat die Situation geschaffen, die zu Ihrem Problem führt. Jeder von ihnen wurde hineingeboren, „hineinerzogen", sammelte seine prägenden Erfahrungen in einer Berufswelt, in der es praktisch keine Frauen in verantwortlichen Positionen gab. Das natürliche menschliche Beharrungsvermögen („das haben wir schon immer so gemacht") ist eine nicht wegzudiskutierende Eigenschaft, die auch zahlreiche andere „Fortschritte" schon aufgehalten hat. Dies soll keine Entschuldigung sein, nur eine Erklärung.

2. Die „Industrie" gibt es als solche nicht, es gibt nur eine Anzahl einzelner Unternehmen. Diese denken nahezu ausschließlich „betriebswirtschaftlich", also an die eigene (Ergebnis-)Situation. Dies geschieht in voller Übereinstimmung mit dem bei uns gültigen Wirtschaftssystem. Oberster Maßstab (nicht alleiniger) für alle Entscheidungen ist der Erfolg, sprich die Rendite des eingesetzten Kapitals. Ein Vorstand, der dies nicht hinreichend beachtet, dürfte nach der nächsten Aktionärs-Versammlung auf Stellensuche sein. Da mit dem heutigen System (einschl. Vorherrschaft der Männer in Führungspositionen) die Ergebnisse X erreicht werden, prüft man jede Neuerung daran, welche Verbesserung des „status quo" damit erreichbar wäre. Das einzelne Unternehmen sucht stets sehr intensiv nach jedweden Neuerungen (Innovationen), die Vorteile im Ergebnis (X +) bringen. Auch eine Gehaltserhöhung wird vorwiegend unter diesem Aspekt gewährt („wenn wir sie zahlen, ist dieser gute Mitarbeiter positiv motiviert; zahlen wir nicht, wechselt er vielleicht zum Wettbewerber"). Es wäre durchaus ungerecht, an dieser Stelle nicht auch zu erwähnen, daß viele Firmen trotz des Primats dieses erwähnten Prinzips z. T. enorme soziale Leistungen erbringen und

Einrichtungen schaffen, die keineswegs mit „Profitstreben" abzutun sind. Dennoch: Da niemand in unserem Lande etwas für ein Unternehmen gibt, das „pleite, aber sozial" ist, wird sich an der Reihenfolge der Grundsätze nichts ändern.

3. Darauf aufbauend hat jede neue Regelung nur dann eine Chance, auf breiter Front den Durchbruch zu schaffen, wenn sie sich in den Augen der maßgeblichen Entscheidungsträger als „besser" erweist. Wir sagen es noch einmal: Dies ist keine Bosheit von Unternehmensleitungen, sondern automatische Konsequenz eines Wirtschaftssystems, das uns im Durchschnitt und im internationalen Vergleich ja immer noch recht gut ernährt und zu dem eine echte Alternative weltweit nicht in Sicht ist.

Also wird eine Unternehmensleitung, der z. B. ihr Personalchef vorschlägt, in Zukunft verstärkt Frauen in Führungspositionen einzusetzen, schlicht nach dem Vorteil dieser „Neuerung" fragen. Dann werden die spezifischen Vor- und Nachteile der zur Debatte stehenden Personengruppen abgewogen, und es wird Bilanz gezogen. Hier liegt die Herausforderung und gleichzeitig auch die Chance z. B. für Frauen, die Manager werden wollen: die eigenen Besonderheiten im Hinblick auf die speziellen Anforderungen einzelner Positionen so herauszuarbeiten, daß „unter dem Strich" Vorteile übrigbleiben.

Im Klartext könnte dies heißen (logisch aus obiger Argumentation abgeleitet und in keiner Weise polemisch gemeint), daß eine Frau als Bewerberin versuchen müßte, so viele unübersehbare Vorteile zu demonstrieren, daß der „Nachteil", den man ihr vielleicht aufgrund des Geschlechts unterstellt, ausgeglichen wäre. Ein um eine Note besseres Examen oder ein kürzeres Studium z. B. für die Absolventin wären eine Basis; eine eindeutig „passende" Studienspezialisierung gehört ebenfalls dazu. Natürlich ist es möglich und lt. Grundsatz auch richtig, statt dessen einfach nur auf „Chancengleichheit" zu pochen – im Sinne obiger Argumente bringt das jedoch außer Schlagzeilen nichts.

4. Dieses Prinzip ist nicht neu, es gilt für jede Personengruppe, die eine für sie positive Veränderung entsprechender Zustände anstrebt. Auch männliche FH-Chemie-Ingenieure, die versuchen

wollten, die von Ihnen beobachtete Vormachtstellung promovierter Chemiker in bestimmten Positionen zu brechen, müßten so vorgehen.

5. Wenn auch jeder der an den Entscheidungen beteiligten heutigen Manager das weitgehend verleugnen wird, so kann natürlich unterbewußt durchaus auch die Wunschvorstellung mitspielen, einen heutigen gruppenspezifischen Vorteil der Männer gegen eine nachdrängende andere Gruppe zu verteidigen. Generell hilft gegen solche etwaigen Vorbehalte nur langfristige sachliche Argumentation – Protestmärsche und Plakate verstärken diese Bedenken eher („solche Leute soll man nun an die entscheidenden Hebel unserer Unternehmen lassen?").

6. Viele Firmen befürchten, mit einer Einstellung weiblicher Führungskräfte Unruhe unter den Männern hervorzurufen, die ihnen unterstellt würden.

7. Es wäre nicht fair, wenn hier nicht auch über die – vermeintlich? – „wirklichen" negativen Erfahrungen berichtet würde, die erfahrene männliche Führungskräfte mit Frauen am Arbeitsplatz generell gemacht haben (daraus werden bei uns Menschen dann schnell Verallgemeinerungen):

a) Nach einem unausrottbaren Vorurteil der Männer (die meist verheiratet und somit nicht ganz ohne Erfahrungen sind) werden die meisten Frauen als emotionaler reagierend eingestuft. Nach den heute geltenden Anforderungen für Führungskräfte gilt dies als Nachteil in der nun einmal existierenden Wirtschaftswelt.

b) Fast jedes Unternehmen hat bereits Erfahrungen mit angestellten Frauen gemacht, die künfigen, weil ihr anderweitig beschäftigter Mann die Firma und den Wohnsitz wechselte. Umgekehrt kommt dies heute noch so selten vor, daß es statistisch nicht relevant ist (wir kennen natürlich das Argument, man müsse nur die Frauen „hochkommen" lassen, dann . . .; das hilft uns in dieser Betrachtung nicht weiter). Selbstverständlich kündigen auch Männer. Hier kann jedoch der Arbeitgeber gegensteuern durch Gehaltserhöhungen, Beförderungen usw. Auf den erwähnten Fall ist er ohne Einfluß.

c) Mögliche Arbeitsausfälle durch Mutterschutz sind ein häufig zitiertes Argument. Gerade in unserem „sterbenden Land" wird jeder Verantwortliche positiv zu Geburten stehen. Vorläufig jedoch ist davon stärker die Frau betroffen. Der Ausfall hochbezahlter weiblicher Führungskräfte oder auch nur ihr vorübergehender Rückzug für Monate oder Jahre ist bei den derzeitigen hohen Anforderungen, denen sich die Unternehmen im internationalen Wettbewerb ausgesetzt sehen, praktisch nicht in statistisch ins Gewicht fallenden Prozentsätzen zu verantworten.

Zusammenfassung: Unser Rat für Sie als Einzelperson ist es, sich auf Machbares zu konzentrieren und – wie jeder Bewerber um jede Position es tun muß – Vorteile zusammenzutragen, die gerade für Sie sprechen.

Wir wissen, daß es heute zahlreiche Frauen in Führungspositionen gibt, die sehr erfolgreich arbeiten. Der Trend in dieser Richtung ist positiv, daran zweifelt niemand. Es müssen auf beiden Seiten Vorurteile abgebaut werden, viel Überzeugungsarbeit bleibt da noch zu leisten. Um allzu engagierten Leserbriefen vorzubeugen: Wir verteidigen den Ist-Zustand hier nicht, wir erläutern ihn nur. Die heute „regierende" Männergeneration hat diese Verhältnisse so vorgefunden. Wer daran – zu Recht – etwas ändern will, wird ohne Rücksicht auf diese historischen Gegebenheiten (für die es ja auch Gründe gab) nicht mit Aussicht auf Erfolg vorgehen können.

Ein abschließendes, persönlich erlebtes Beispiel aus der Praxis dieser Wochen: Ein deutscher Konzern suchte Hochschulabsolventen als Führungsnachwuchskräfte. Unter 500 Zuschriften wurde ausgewählt, darunter auch einige Frauen („obwohl wir bei der Struktur unseres Betriebes eigentlich keine Chancen sehen"). Neben mehreren Männern wurden schließlich drei Frauen eingestellt. Kommentar: „Die waren so gut, an denen konnten wir nicht vorübergehen."

Auslandspraxis

Frage: Seit mehreren Jahren bin ich Entwicklungsingenieur auf dem Gebiet Fertigungsautomatisierung/Microcomputer. Ich suche eine zwei- bis dreijährige Auslandstätigkeit, möglichst im entwicklungsnahen Bereich. Wie komme ich an eine solche Position, muß ich mit Schwierigkeiten bei einer Rückkehr nach Deutschland rechnen?

Antwort: Ihre Fragen sind taktischer Natur, d. h., sie zielen auf kurzfristige, begrenzte berufliche Operationen. Wer Ihnen hier einen Rat gibt, muß jedoch zunächst die strategischen Zusammenhänge prüfen. Also lautet unsere Frage: Was wollen Sie mit Ihrem beruflichen Tun erreichen, welches Ziel haben Sie? Vor allem aber: Welche Prioritäten setzen Sie?

Jede „entscheidungsträchtige" berufliche Frage läßt sich leichter beantworten, wenn man sich jeweils ganz einfach fragt: „Nutzt mir dieser Schritt im Hinblick auf mein Ziel oder schadet er mir – gefährdet er meine Generalplanung?"

Ihr Fachgebiet hat sicher Zukunft. Ihre Besorgnis, vielleicht später Rückkehrprobleme zu bekommen, zeigt, daß Sie durchaus langfristig und vorausschauend denken. Unlogisch ist nur – für eine Rubrik, die „Karriereberatung" heißt – daß Sie alles dem nicht weiter präzisierten und motivierten Ziel „Ausland" unterordnen wollen. Selbst die berufliche Kontinuität setzen Sie aufs Spiel mit „möglichst im entwicklungsnahen Bereich" – schlimmstenfalls also völlig fachfremd, Hauptsache Ausland?

Also: Eine Möglichkeit ist, daß Sie als junger Mann (so etwa im letzten Semester) feststellen, Sie würden gern Auslandserfahrungen sammeln. Dann machen Sie entweder gleich nach dem Studium die „berühmte" private Weltreise von 6 Monaten (die beruflich nichts bringt) oder Sie gehen als Anfangsstellung zunächst einmal 2 Jahre ins Ausland. Dann aber möglichst in ein Land mit technischem Potential und einer wichtigen Weltsprache (Westeuropa, USA o. ä.). Danach stellen Sie hier in

Deutschland zunächst keine besonderen Ansprüche, sondern sind ein interessanter „Anfänger mit Sprachkenntnissen und Auslandspraxis", anderen Berufsanfängern überlegen.

Die schon weniger risikolose Möglichkeit ist, nach einigen Jahren Praxis berufs- und fachbezogen (mit ganz strengen Maßstäben) zeitlich begrenzt ins Ausland zu gehen. Das heißt für Sie: In einem Land, das mindestens auf so hohem Standard in Ihrem Fachgebiet steht wie Deutschland, als Entwicklungsingenieur für Fertigungsautomaten zu arbeiten. Nur dann gelingt überhaupt der berufliche Wiederanschluß hier.

Der deutsche Arbeitsmarkt bietet für Ihr Vorhaben kaum Chancen, da eine Entsendung ins Ausland für Entwicklungsingenieure sehr selten ist. Sie brauchen eine Anstellung z. B. direkt bei einer entsprechenden Firma in den USA. Von hier aus sind die Chancen dafür jedoch kaum zu beurteilen und auch kaum Verbindungen zu knüpfen (vielleicht nutzen Sie den nächsten Urlaub dazu, im entsprechenden Land persönlich vorzufühlen).

Sie spüren es: Im Grunde raten wir Ihnen bei der uns bekannten Ausgangslage von dem ganzen Projekt „Ausland" ab. Auf die Rückkehrproblematik werden wir später einmal gesondert eingehen.

Frage: Steigert ein freiwilliges, nicht vom Studium gefordertes Praktikum im Ausland (Sprache) den Wert einer Bewerbung?

Antwort: Ja, fast uneingeschränkt. Vorausgesetzt, daß es sich um eine der gängigen Weltsprachen handelt. Es kann allerdings sein, daß dieser Effekt erst in der zweiten oder dritten beruflichen Station voll „durchschlägt", weil erst dort die Sprachen gefordert werden.

Sie werden mit „auslandserprobten" Sprachkenntnissen kein wertvollerer Mensch – aber Sie haben die Chance, dann bestimmte, besser honorierte Positionen einzunehmen (mit dieser Definition wollen wir vor überzogenen Gehaltsansprüchen wegen eines sechswöchigen Auslandspraktikums warnen).

Während des Studiums oder unmittelbar danach ist stets der beste Zeitpunkt für beruflich relevante Auslandsaufenthalte. Hier stellt sich das Problem einer komplikationslosen Wiedereingliederung in den deutschen Arbeitsprozeß noch nicht. Ein 40jähriger Betriebsleiter, der z. B. nach sieben Jahren Entwicklungsland-Praxis in der Bundesrepublik eine adäquate Position sucht, stößt demgegenüber häufig auf enorme Schwierigkeiten. Sein Führungsstil ist inzwischen auf Menschen anderer Qualifikation und Mentalität abgestellt, seine Personalentscheidungen sind an anderen arbeitsrechtlichen Gegebenheiten orientiert, die Praxis der Zusammenarbeit mit deutschen Betriebsräten fehlt, er ist auf völlig andere Lohn- und Kostenstrukturen eingefahren usw. Wenn auch viele dieser Vorbehalte Vorurteile sein mögen, sind sie für den Betroffenen doch nicht minder gefährlich.

Für den jungen Ingenieur jedoch sind Auslandserfahrungen fast immer eine sich irgendwann auszahlende Bereicherung.

Denken Sie bei solchermaßen zu erwerbenden sprachlichen Fähigkeiten auch an Französisch. Englisch spricht heute bei uns fast jeder. Frankreich ist ein wichtiger Partner für uns – auf Stellenangebote, in denen Französisch gefordert wird (im Exportbereich, für deutsche Töchter französischer Firmen usw.), kommen nur wenig qualifizierte Zuschriften. Hier kann einmal Ihre persönliche „Marktnische" liegen.

Frage: Können Sie einem Stellensuchenden empfehlen, eigene Anzeigen aufzugeben? Wenn ja, gleich zu Beginn der Suche oder in einem späteren Stadium?

Antwort: „Stellengesuche", so heißt diese Rubrik in den entsprechenden Tages- und Fachzeitungen, sind ein möglicher Weg zum neuen Arbeitsvertrag, bleiben jedoch ein Sonderfall mit eigenen Vor- und Nachteilen. Folgende Überlegungen fallen uns dazu ein:

a) Sie kosten Ihr Geld, Stellenangebote das des Unternehmens. Diese Entscheidung liegt natürlich bei Ihnen.

b) Der stärkere Partner bei der gesamten Thematik „Bewerbung" ist der neue Arbeitgeber. Seine zeitliche und sachliche Planung ist die Basis für eine mögliche Einstellung. Ein zielstrebiges Unternehmen wird sich die „Federführung" dieser Aktion nie aus der Hand nehmen lassen. Es braucht den neuen Mitarbeiter mit der genau definierten Qualifikation zu einem bestimmten Zeitpunkt. Wenn es diese Zielsetzung einmal hat, wird es auch etwas „unternehmen" wollen – abwarten wäre nach dem Selbstverständnis unserer Wirtschaftsbetriebe entschieden zuwenig. Kein Personalchef wird vier Wochen nach einem Vorstandsbeschluß über die Einstellung eines neuen wichtigen Mitarbeiters Mißerfolg mit der Begründung melden, es hätten eben keine Stellengesuche in der Zeitung gestanden. Nach Fertigungsanlauf eines neuen Produktes wartet ein Unternehmen auch nicht auf Kunden, die zufällig vorüberkommen, sondern wird selbst aktiv.

c) Ein Unternehmen will einen speziellen Mitarbeiter mit bestimmten Merkmalen für eine bestimmte Position. Ein Stellengesuch kann stets nur nach dem „Schrotschußprinzip" eine ganze Bandbreite von Gebotenem und Erwartetem offerieren.

d) Viele Firmen sind enttäuscht über die Ergebnisse von Kontaktaufnahmen mit solchen Interessenten. „Aus der Anzeige ging nicht ein Bruchteil von Problemen hervor, die sich beim Studium der angeforderten Unterlagen herausstellten", heißt es oft. Wesentliche Einschränkungen wie zu häufige Wechsel, schlechte Studien- und Arbeitszeugnisse usw. sind erst später erkennbar – und führen zu dem Entschluß, „die Finger von solchen Stellengesuchen zu lassen".

e) Manche Stellengesuch-Inserenten beschweren sich, es kämen sehr viele Zuschriften mit Angeboten, die „so viele Haken und Ösen hatten, daß sich auf normalem Weg wohl niemand auf solche Positionen beworben hätte". Diese Firmen hatten wohl vermutet, wer selbst inseriert, stünde besonders unter Druck und könne dann wohl auch nicht mehr so wählerisch sein.

f) Ein vor einer Personalentscheidung stehendes Unternehmen hat gern Auswahl. So ca. 20 bis 30 Zuschriften pro Stellenanzeige des Unternehmens gelten als brauchbare Basis. Bei Stellengesuchen hat man es meist nur mit einem oder vielleicht auch zwei Kandidaten zu tun. „Ich will einfach eine größere Auswahl haben", formulieren viele Vorgesetzte ihr Motiv dafür, eine Entscheidung über eine einzelne Bewerbung hinauszuschieben.

g) Natürlich gibt es auch positive Aspekte und Erfahrungen. Ein Unternehmen könnte durchaus ein solches Stellengesuch lesen, bevor es selbst in die Zeitung geht – und dieser Inserent bekommt seine Chance. Oder der Fachvorgesetzte liest dieses Inserat und antwortet darauf. Dies darf er häufig selbst tun, für Stellenanzeigen des Unternehmens hätte er sich mit der Personalabteilung abstimmen oder eine Vorstandsgenehmigung einholen müssen. Außerdem spart er Kosten (viele Bewerber berichten wiederum, man habe später schon deutlich gemerkt, es hier mit einem Unternehmen zu tun zu haben, das sich die sonst üblichen Kosten für Personalanzeigen hätte ersparen wollen; beim Gehalt sei dieses „Kostenbewußtsein" erneut spürbar geworden).

Fest steht, daß es durchaus Beispiele gibt, bei denen ein Arbeitsvertrag auf der Basis von Stellengesuch-Inseraten zustande kam. Aus den genannten Gründen wird es die Ausnahme bleiben. Wer „unter Druck" steht, wird auch diesen Weg versuchen müssen. Wenn Sie, um Geld zu sparen, damit warten, bis „konventionelle" Bewerbungen zu keinem Erfolg führen, ist dies eine mögliche Entscheidung. Aus den aufgezählten Argumenten wird deutlich, daß es einen falschen Zeitpunkt eigentlich nicht geben kann.

Falsch wäre allein, Sie würden – um sich selbst das Lesen von Stellenangeboten der Firmen zu sparen – nur auf das Instrument „Stellengesuch" setzen.

Frage: Ich möchte nach dem Maschinenbau-Studium ca. 2 bis 5 Jahre im nichteuropäischen Ausland arbeiten (als Entwick-

lungshelfer o. ä.). Mich interessieren meine Einstellungschancen in Fertigung oder Entwicklung „danach". Mit welchen Schwierigkeiten muß ich nach meiner Rückkehr rechnen?

Antwort: Mit großen (Schwierigkeiten). Auf manche Probleme haben wir in einem anderen Beitrag der „VDI-Nachrichten" schon hingewiesen. Neu ist an Ihrer Frage jedoch der Entwicklungshelfer-Aspekt.

Eine pauschale Bemerkung vorab: Niemand kann heute vorhersagen, welche Konjunktursituation Sie nach etwa 5 Jahren hier antreffen. Davon jedoch können die Chancen in ganz besonderem Maße beeinflußt werden.

Generell aber gilt, daß Sie mit Ihrem Examen einen technischen Wissensstand erworben haben, der heutigem Standard entsprechen dürfte. Nach etwa 5 Jahren hat sich der technische Standard weiterentwickelt, Sie stehen aber immer noch auf Ihrem alten Wert. Wobei das schon Maximal-Schätzungen sind, denn nach so viel Jahren werden Sie viel vergessen haben. Technisch dazulernen werden Sie im Entwicklungsland kaum, soweit Hochwertiges angesprochen ist.

Weiterhin mögen Ihnen manche Entscheidungsträger einen gewissen Hang zur „Sozialromantik" unterstellen, was später Ihre Beweisführung in Richtung „Managerqualitäten" zumeist erschweren dürfte. Außerdem sind Sie im Entwicklungsland Ihrer Umgebung rein technisch sicher mehrfach überlegen, eine Gefahr, die manche Leute für Ihre Persönlichkeitsbildung sehen werden.

Diese ganzen Einschränkungen werden allgemein nicht aufgewogen durch Vorteile wie Schulung des Improvisationstalentes, wichtige menschliche Erfahrungen, Auslandspraxis u. ä.

Wenn Sie jetzt noch bedenken, daß gerade Fertigung oder Entwicklung know-how-intensive Bereiche sind, in denen Praxis aus unterentwickelten Ländern kaum mit der bei uns erworbenen Erfahrung gleichzusetzen sein wird . . .

Sinn hat dieses Vorhaben, wenn es Ihnen persönlich den Einsatz und das Risiko wert sind. Sobald Sie aber die Frage stellen, welchen Rückstand Sie Ihrem gleichbegabten Kommilitonen gegenüber haben, der diese vielleicht fünf Jahre sinnvoll in einem deutschen (oder vielleicht US-amerikanischen oder westeuropäischen) Industrieunternehmen verbringt, ist eine positive Antwort guten Gewissens nicht mehr möglich.

„Bart" und „Auto" als Entscheidungsbasis?

Frage: Bei einer Bewerbung um eine Abteilungsleiter-Position wurde mein Bart kritisiert. Ist das denn nicht meine Privatsache?

Antwort: Natürlich. Ihr möglicher zukünftiger Chef wird auch nicht kategorisch verlangt haben, daß Sie ihn sofort abrasieren. Er hat ja wohl nur zum Ausdruck gebracht, daß er bei einer Führungskraft seines Bereiches einen solchen Haarwuchs (es gibt böse „Auswüchse") nicht sympathisch findet. Und das ist nun wieder seine Privatsache. Er wiederum wird — wie fast alle Chefs — Bewerber nur einstellen, wenn sie ihm auch menschlich zusagen. Nun sind Sie also beide im Recht — nur Sie haben den Job nicht. Wir finden das übrigens nicht so schlimm. Denn diese Äußerlichkeiten sind ja immer auch Ausdruck innerer Einstellung. Wenn sich im Vorstadium bereits ergibt, daß Chef und Mitarbeiter nicht harmonieren, ist dies von Vorteil für alle Beteiligten. Entweder also ist Ihnen ein auffallender Bart wichtig. Dann nehmen sie in Kauf, daß manche Leute darin ein Zeichen entweder für mangelnde Selbstsicherheit („versteckt sich dahinter") oder große Eitelkeit („findet sich damit schöner") sehen. Die Meinung dieser Personen ist Ihnen dann egal, Sie tragen aber die Konsequenzen. Oder Sie betreiben etwas Marktforschung in Sachen Äußerlichkeiten. Denn stets gilt das Prinzip, daß am ehesten von einer Gruppe akzeptiert wird, wer aussieht wie die anderen Gruppenmitglieder. Ein Blick in einschlägige Zeitschriften, die sich mit „Wirtschaft" und „Management" beschäftigen, zeigt Ihnen über die dort abgebildeten Führungskräfte genügend Orientierungsbeispiele.

Wir sagen nicht, Sie sollen sich den Vorbildern bedingungslos anpassen. Aber wir raten, Prioritäten zu setzen. Sie müssen Ihre Ziele gewichten. „Extrembart" und „Vorstand" sind als gleichberechtigte Ziele nicht empfehlenswert. Aber „Vorstand" als Ziel Nr. 1 und „dabei soviel Bart wie möglich" geht durchaus. Umgekehrt geht auch. Nur ist es dann mehr „Herrenmode" als „Karriereberatung".

**Frage: In einem Vorstellungsgespräch um eine Position als
. . . leiter bin ich gefragt worden, welches Auto ich fahre. Darf
man denn nun mit seinem Geld nicht machen, was man will?**

Antwort: Es ist das alte Prinzip: Sie dürfen machen, was Sie wollen – und das Unternehmen darf einstellen, wen es will. So kommen Sie zwar immer wieder zu Ihrem Recht, vielleicht aber nicht zu der angestrebten Position.

In der Sache selbst gibt es sicher breite Entscheidungs- und Gestaltungsspielräume. Und niemand wird eine Tabelle aufstellen, aus der hervorgeht, wer einen XYZ mit Automatik fährt, ist als Betriebsleiter ungeeignet.

Aber als einer unter sehr vielen Mosaiksteinchen bei der so schwierigen Persönlichkeitsbeurteilung gerade im Managementbereich kann auch das gefahrene Auto durchaus einen Hinweis geben. Das eine Modell könnte für die Gehaltsklasse um mehrere Nummern zu groß und Anhaltspunkt im Hinblick auf wirtschaftliche Solidität und Vernunft sein, ein anderes wiederum läßt sich vielleicht nur schwer mit der von diesem Mann zu fordernden Dynamik vereinbaren. Kein verantwortlicher Entscheidungsträger wird zwingend Eigenschaften aus dem Auto ableiten (das man auch erben oder gebraucht kaufen kann usw.), er wird höchstens daraus schließen, daß bei dem einen oder anderen Bewerber eben noch offene Fragen bleiben, die man dann im weiteren Verlauf des Gesprächs klären muß.

Bedenken Sie, daß es hier nicht um Fahrer bestimmter Autos geht. Jedes Unternehmen ist einfach verpflichtet, alle nur denkbaren Nuancen auszuloten, bevor es einem Bewerber „Macht" über Menschen oder erhebliche Sachwerte (als Führungskraft) anvertraut. Übrigens berichten Fachleute, daß Vorstände oder Geschäftsführer, Direktoren, Bereichsleiter o. ä. als Bewerber so gut wie nie Widerstand gegen solche (auch weitergehende) Fragen erkennen lassen. Sie wissen um die Schwierigkeit von Personalentscheidungen – die viele jüngere Bewerber selbst noch nie treffen mußten.

Frage: Ich bin seit mehreren Jahren als Maschinenbau-Ingenieur bei einer renommierten Firma tätig. Nun habe ich die Möglichkeit, neben meinem Angestelltenverhältnis als freier Mitarbeiter in einem Ingenieurbüro tätig zu sein. Muß ich meinen Chef über eine solche Tätigkeit informieren?

Antwort: Sie schreiben nicht, auf wieviel Prozent Ihres Gehaltes Sie in Zukunft verzichten wollen. Verblüfft Sie diese Feststellung? Sie resultiert aus folgender Überlegung: Zumindest „moralisch", fast immer auch juristisch (entsprechende Formulierungen finden sich ausdrücklich in den meisten Arbeitsverträgen – wir gehen hier aber nie auf rein rechtliche Aspekte ein) hat Ihr Arbeitgeber für ein volles Gehalt Anspruch auf Ihre volle Arbeitsleistung. Durch eine mit materiellen Absichten verbundene Nebentätigkeit fließt nach allgemeiner Auffassung ein Teil Ihrer Arbeitskraft in „andere Kanäle" – unabhängig vom zeitlichen Arrangement werden Sie durch die Nebentätigkeit abgelenkt, sind während Ihrer Haupttätigkeit abgespannt, weniger leistungsfähig usw. Von einem engagierten Mitarbeiter erwartet man, daß betriebliche Probleme auch schon einmal in der Freizeit sein Denken in Anspruch nehmen – von der Bereitschaft zu Überstunden ganz abgesehen. Alles dies wird durch einen bezahlten „Nebenjob" empfindlich gestört. Ihr Arbeitgeber würde so etwas in jedem Fall als Vertrauensbruch ansehen.

Die Lösung: den Plan aufgeben; sonst aber in jedem Fall vorher die schriftliche Zustimmung Ihres Arbeitgebers einholen (bedenken Sie jedoch, welche Überlegungen Sie allein mit dem Antrag bei Ihrem Chef auslösen). Ein Schlußsatz sei uns gestattet: Ein auf bezahlte Nebentätigkeit gerichtetes Streben mag von einem „gesunden Erwerbsdenken" Zeugnis ablegen, die optimale Einstellung zur „Karriere" jedoch spricht daraus nicht.

Stichwortregister

Außerdem sind in dieser Reihe erschienen:

Erfolgreich Bewerben 1984 10,–
Ingenieurstudium im Ausland 1985 20,–
Ingenieure + Selbständigkeit 1985 15,–

Wenn Sie Interesse an diesen Broschüren haben,
nutzen Sie bitte diesen Bestellweg:
Eine Zahlkarte mit dem entsprechenden Betrag
ausfüllen und vollständige Anschrift eintragen.
Als Vermerk den oder die gewünschten Titel
einsetzen. Überweisung auf unser Postgirokonto
Nr. 16 51-435 Essen (BLZ 360 100 43).
Keine zusätzliche Bestellung senden.